图 1

图 2

Numeric	Color Name	Hex RGB	Numeric	Color Name	Hex RGB	Numeric	Color Name	Hex RGB
	LightPink	#FFB6C1		LightCyan	#E0FFFF		FloralWhite	#FFFAF0
	Pink	#FFC0CB		PaleTurquoise	#AFEEEE		OldLace	#FDF5E6
	Crimson	#DC143C		Cyan	#00FFFF		Wheat	#F5DEB3
	LavenderBlush	#FFF0F5		Aqua	#00FFFF		Moccasin	#FFE4B5
	PaleVioletRed	#DB7093		DarkTurquoise	#00CED1		Orange	#FFA500
	HotPink	#FF69B4		DarkSlateGray	#2F4F4F		PapayaWhip	#FFEFD5
	DeepPink	#FF1493		DarkCyan	#008B8B		BlanchedAlmond	#FFEBCD
	MediumVioletRed	#C71585		Teal	#008080		NavajoWhite	#FFDEAD
	Orchid	#DA70D6		MediumTurquoise	#48D1CC		AntiqueWhite	#FAEBD7
	Thistle	#D8BFD8		LightSeaGreen	#20B2AA		Tan	#D2B48C
	Plum	#DDA0DD		Turquoise	#40E0D0		BurlyWood	#DEB887
	Violet	#EE82EE		Aquamarine	#7FFFD4		Bisque	#FFE4C4
	Magenta	#FF00FF		MediumAquamarine	#66CDAA		DarkOrange	#FF8C00
	Fuchsia	#FF00FF		MediumSpringGreen	#00FA9A		Linen	#FAF0E6
	DarkMagenta	#8B008B		MintCream	#F5FFFA		Peru	#CD853F
	Purple	#800080		SpringGreen	#00FF7F		PeachPuff	#FFDAB9
	MediumOrchid	#BA55D3		MediumSeaGreen	#3CB371		SandyBrown	#F4A460
	DarkViolet	#9400D3		SeaGreen	#2E8B57		Chocolate	#D2691E
	DarkOrchid	#9932CC		Honeydew	#F0FFF0		SaddleBrown	#8B4513
	Indigo	#4B0082		LightGreen	#90EE90		Seashell	#FFF5EE
	BlueViolet	#8A2BE2		PaleGreen	#98FB98		Sienna	#A0522D
	MediumPurple	#9370DB		DarkSeaGreen	#8FBC8F		LightSalmon	#FFA07A
	MediumSlateBlue	#7B68EE		LimeGreen	#32CD32		Coral	#FF7F50
	SlateBlue	#6A5ACD		Lime	#00FF00		OrangeRed	#FF4500
	DarkSlateBlue	#483D8B		ForestGreen	#228B22		DarkSalmon	#E9967A
	Lavender	#E6E6FA		Green	#008000		Tomato	#FF6347
	GhostWhite	#F8F8FF		DarkGreen	#006400		MistyRose	#FFE4E1
	Blue	#0000FF		Chartreuse	#7FFF00		Salmon	#FA8072
	MediumBlue	#0000CD		LawnGreen	#7CFC00		Snow	#FFFAFA
	MidnightBlue	#191970		GreenYellow	#ADFF2F		LightCoral	#F08080
	DarkBlue	#00008B		DarkOliveGreen	#556B2F		RosyBrown	#BC8F8F
	Navy	#000080		YellowGreen	#9ACD32		IndianRed	#CD5C5C
	RoyalBlue	#4169E1		OliveDrab	#6B8E23		Red	#FF0000
	CornflowerBlue	#6495ED		Beige	#F5F5DC		Brown	#A52A2A
	LightSteelBlue	#B0C4DE		LightGoldenrodYellow	#FAFAD2		FireBrick	#B22222
	LightSlateGray	#778899		Ivory	#FFFFF0		DarkRed	#8B0000
	SlateGray	#708090		LightYellow	#FFFFE0		Maroon	#800000
	DodgerBlue	#1E90FF		Yellow	#FFFF00		White	#FFFFFF
	AliceBlue	#F0F8FF		Olive	#808000		WhiteSmoke	#F5F5F5
	SteelBlue	#4682B4		DarkKhaki	#BDB76B		Gainsboro	#DCDCDC
	LightSkyBlue	#87CEFA		LemonChiffon	#FFFACD		LightGrey	#D3D3D3
	SkyBlue	#87CEEB		PaleGoldenrod	#EEE8AA		Silver	#C0C0C0
	DeepSkyBlue	#00BFFF		Khaki	#F0E68C		DarkGray	#A9A9A9
	LightBlue	#ADD8E6		Gold	#FFD700		Gray	#808080
	PowderBlue	#B0E0E6		Cornsilk	#FFF8DC		DimGray	#696969
	CadetBlue	#5F9EA0		Goldenrod	#DAA520		Black	#000000
	Azure	#F0FFFF		DarkGoldenrod	#B8860B			

图 3

工业和信息化
人才培养规划教材

Industry And Information
Technology Training
Planning Materials

高职高专计算机系列

网站设计项目化教程
（HTML+CSS+JavaScript）

Website Design Tutorial:
HTML+CSS+JavaScript

黄睿 ◎ 主编
王梅 王樱 彭顺生 邓锐 ◎ 副主编
李锡辉 ◎ 主审

人 民 邮 电 出 版 社
北 京

图书在版编目（CIP）数据

网站设计项目化教程：HTML+CSS+JavaScript / 黄
睿主编. -- 北京：人民邮电出版社，2015.2（2018.10重印）
工业和信息化人才培养规划教材. 高职高专计算机系
列
ISBN 978-7-115-34382-6

Ⅰ. ①网… Ⅱ. ①黄… Ⅲ. ①超文本标记语言－程序
设计－高等职业教育－教材②网页制作工具－高等职业教
育－教材③JAVA语言－程序设计－高等职业教育－教材
Ⅳ. ①TP312②TP393.092

中国版本图书馆CIP数据核字(2014)第309098号

内 容 提 要

本书采用项目驱动的方式，用经典网站建设的大案例贯穿全书，将大案例分解成多个项目，再将
项目分解成多个任务，围绕具体网页设计的步骤进行分析和阐述，详细介绍了网站开发所需要的各类
知识与技能，主要内容包含网页设计基础、HTML 超文本标记语言、Dreamweaver CS6、CSS 样式和
JavaScript 脚本等网站前端开发技术的运用。

本书可作为计算机相关专业网页设计制作课程的教学用书，也可作为相关领域的培训教材或参考
用书。

◆ 主　　编　黄　睿

副 主 编　王　梅　王　樱　彭顺生　邓　锐

主　　审　李锡辉

责任编辑　范博涛

责任印制　杨林杰

◆ 人民邮电出版社出版发行　　北京市丰台区成寿寺路 11 号

邮编　100164　 电子邮件　315@ptpress.com.cn

网址　http://www.ptpress.com.cn

北京七彩京通数码快印有限公司印刷

◆ 开本：787×1092　1/16　　　彩插：1

印张：17.75　　　　　　　2015 年 2 月第 1 版

字数：443 千字　　　　　　2018 年 10 月北京第 5 次印刷

定价：45.00 元

读者服务热线：(010)81055256　印装质量热线：(010)81055316
反盗版热线：(010)81055315

前言　PREFACE

本书采用项目贯穿全书的原则，将企业网站建设的具体案例分解为多个项目，再细化到任务，采用由浅入深、由易到难、由局部到整体的顺序，将网页设计基础、HTML 语言、CSS 样式表、JavaScript 脚本语言等知识点融入实际设计中，实现在短时间内掌握网站前端开发过程中必学的理论知识，提升学习者项目开发的水平。全书在每个项目中均包含有知识目标、技能目标、学习导航和工作任务等内容，其中每个任务包含有任务描述、知识引入和任务实施等环节。知识与技能目标是该项目必须掌握的理论和实践知识点的描述，学习导航是该项目在整体学习过程中具体设计的模块说明，而任务分析是该任务的需求与任务实现的效果展示，知识引入是该项目或任务实现过程中所需的理论知识点的细化和例题解释，任务实施则是该任务的具体实施步骤的阐述。同时，为了使学习者及时巩固理论知识和提升动手能力，每个项目的最后还附有项目实训和习题，以便做到技术与应用的结合。

本书的学习内容包含 12 个项目，26 个任务，分为基础篇、提高篇和进阶篇。项目 1～4 为网页设计的基础篇，此篇章使学习者熟悉 Dreamweaver CS6 环境，学会使用 HTML 设计网站的基本页面，掌握网站发布与推广的方法。项目 5～9 为网页设计的提高篇，此篇章使学习者通过 CSS 实现网站的整体表现上的美化与优化，从而改善网站的整体视觉效果。项目 10～12 为网页设计进阶篇，此篇章使学习者借助 JavaScript 提升网站的灵活性和交互性。

本书的学习资源可通过登录人民邮电出版社教学服务与资源网（www.ptpedu.com.cn）下载使用，或通过发送邮件至 huangrui@mail.hniu.cn 邮箱进行索取，还可以通过扫描二维码登录超星 MOOC 平台后学习。

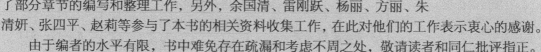

本书由湖南信息职业技术学院黄睿任主编，负责整体设计和主体编著，由李锡辉任主审，负责教材审核，王樱、王梅、彭顺生、邓锐也参与了部分章节的编写和整理工作，另外，余国清、雷刚跃、杨丽、方丽、朱清妍、张四平、赵莉等参与了本书的相关资料收集工作，在此对他们的工作表示衷心的感谢。

由于编者的水平有限，书中难免存在疏漏和考虑不周之处，敬请读者和同仁批评指正。

编者
2014 年 10 月

大案例结构与课时安排（以供参考）

大案例			任务实现		
序号	模块名称	各模块中项目名称	项目中需完成的任务	课时	对应章节
1	项目分析与基础构建	1.1 网站规划设计	网站开发基础	4	§1
			网站总体规划		
		1.2 网站搭建与管理	站点搭建	4	§2
			站点和站点文件管理		
2	项目的基本实现	2.1 网站基础页面设计	帮助热线页面设计	16	§3
			站内地图页面设计		
			产品展示页面设计		
			用户注册页面设计		
			在线自助页面设计		
		2.2 网站版式设计	首页基本结构设计	4	§5
			网站配色选择		
		2.3 服务中心栏目设计	用户问卷调查页面设计	6	§6
			服务中心栏目布局设计		
		2.4 新闻中心栏目设计	新闻中心栏目布局设计	6	§7
			新闻中心导航		
3	项目的优化	3.1 企业关注栏目设计	企业介绍页面样式引用	6	§8
			企业荣誉页面设计		
		3.2 产品中心栏目设计	产品选项卡设计	8	§9
			销售产品页面布局设计		
		3.3 广告服务实现	弹出式广告服务	10	§10
			广告详细展示		
		3.4 动态更新实现	系统时间更新	8	§11
			产品图片幻灯播放		
		3.5 订单处理实现	在线留言	12	§12
			订单价格更新		
			用户注册		
4	项目维护	4.1 网站测试与发布	站点测试	4	§4
			网站发布		
		4.2 网站推广	网站维护		
			网站推广		
课时合计				88	

本书建议授课课时为 88 学时，可根据实际情况实时调整。

目 录 CONTENTS

第3部分　进阶篇

3

目

录

第 1 部分

基础篇

PART 1

项目 1
网站规划设计

知识目标

1. 掌握与网站相关的基础知识。
2. 掌握网站开发与设计的工作流程。
3. 掌握网站功能规划的方法。

能力目标

1. 具备区分各类网页文件与其他文件的能力。
2. 具备使用浏览器浏览网页、获取信息的能力。
3. 具备区分静态网页和动态网页的能力。
4. 具备网站建设与规划部署的能力。

学习导航

本项目实现对网站的基本构成和网页设计的基本技术、方法的掌握，并对需要创建的网站进行分析后，对网站功能进行规划。项目在企业网站建设过程中的作用如图 1-1 所示。

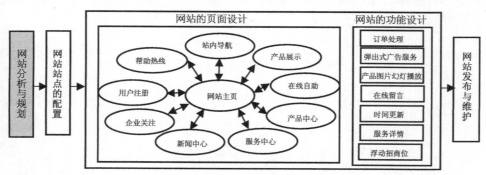

图 1-1　学习导航图

任务 1.1 网站开发基础

任务描述

　　在日新月异的当代，网络的魅力是无处不显，而因网络产生的工作也是数不胜数，从大型的商业集团、软件公司，到外贸企业、政府机关等不同的行业都需要网站前端开发、网站美工类的人员，而这类人员首先一定是需要知道与网站相关基础知识的，如专业用语、专用工具、专业开发语言等知识。如果这方面的内容都说不上来的话，估计工作就会泡汤了。

　　本任务实现对基础知识的掌握，并且完成通过 IE 浏览器浏览和欣赏不同的大型网站，查看其下各首页和子页文件的代码内容。

知识引入

1.1.1 基本概念

1．Web

（1）Internet

　　Internet 又称为国际互联网，是覆盖全球的信息基础设施之一，它将全球范围内不同国家、不同区域的众多资源连接起来，为用户提供一个庞大的远程计算机网络。Internet 可以实现信息资源共享，使处在网络中的任意一台计算机都能获取在网络中的服务器上的信息，也能通过服务器向网络中的其他计算机发布信息。Internet 可以实现全球范围的电子邮件（E-mail）、网上传呼（QQ）、新闻组（News Group）、文件传输（FTP）、远程登录（Telnet）、电子公告板（BBS）、网上购物、网络炒股、网上冲浪、信息查询、语言与图像通信等丰富多彩的服务。

（2）万维网

　　万维网（全称 World Wide Web，简称 WWW）也可简称为 Web、W3、3W 等，它不是网络，是 Internet 提供的服务之一。万维网是基于"超文本"的信息查询和信息发布的系统——即网页浏览服务。它是一种基于客户机/服务器的体系结构，如图 1-2 所示，当客户机向服务器发送请求，如获取文本信息、声音、图形、图像以及动画等多媒体信息的请求，服务器会执行客户机的请求并提供响应，通过"浏览器"浏览 Web 服务器计算机上提供的资源来提供对应的服务。

　　在访问网页时，用户可通过各种 Web 浏览器，如 Internet Explorer 浏览器、Firefox（火狐）浏览器、Opera 浏览器、谷歌浏览器（Google Chrome）等，实现用户动态地使用、搜索、查看、下载及共享资源。

图 1-2 Web 工作原理

2．IP 地址和域名

（1）IP 地址

在 Internet 网络中，相连的任何一台计算机都是以独立身份出现的，每一台都有唯一的网络地址，如同在电话通讯中，电话靠电话号码来识别一样。这个唯一的网络地址简称为 IP 地址。其是 Internet 内部数据传输的地址，也是网络协议语言表示的地址。

IP 地址是每台主机分配的由 32 位二进制数组成的唯一标识，由网络地址和主机地址两个部分组成，分为 4 个字节段，每字节段 8 位，用小数点将它们隔开，每一个字节的数值取值范围为 0~255。如：202.168.88.20，这种书写方式称为点数表示法。

（2）域名

因为 IP 地址是数字标识的，会造成用户在记忆和书写上的许多不便，产生了用由字母和数字组成的符号来代替 IP 地址来解决问题。这种与数字型 IP 地址相对应的字符型地址，称为域名。

域名系统采用层次结构来进行分层，书写时用圆点将各层分开，从右到左依次为最高域、次高域等名段来进行分隔。域名按 Internet 组织模式有两种分类方法：一种是按照机构进行分类（见表 1-1）另一种是按国家和地区进行分类，如 cn（中国）、us（美国）等。

表 1-1 组织与域名的分配

域名	组织机构类型	域名	组织机构类型
com	商业组织	net	网络中心
edu	教育机构	org	非盈利性组织
gov	政府部门	int	国际组织
mil	军事部门	firm	商业或公司

3．统一资源定位器 URL

用户查询某一台 Web 服务器上的信息时，需要对该信息存放的计算机路径进行定位，这种定位称为 URL。它是在 WWW 中浏览超文本文档时保证准确定位的一种机制，可指向本地计算机硬盘上的某个文件，也可指向 Internet 上的某一个网页。格式如下：

信息服务类型：//主机域名或 IP 地址［：端口号］/文件路径/文件名

信息服务类型是 Internet 的通信协议，由主机提供的服务类型而定。如 HTTP（Hyper Text Transfer Protocol），超文本传输协议。最常用服务类型见表 1-2 所示。

表 1-2　常用的服务协议、功能及特征

协议	功能	特征
超文本传输协议	浏览器与服务器间 Web 文档传输	http://
电子邮件协议	电子邮件的收发	mailto://
网络终端协议	远程登录	telnet://
文件传输协议	访问 FTP 服务器，交互式文件传输	ftp://
传输协议	网络新闻	New://
传输协议	检索数据库信息	wais://

主机域名或 IP 地址：指定网络中服务器名字或位置，也可以是服务器的 IP 地址。有时主机域名还需加端口号，如 WWW 服务器应用程序的默认端口号都内定为 80。

文件路径：由"/"符号隔开的字符串，一般用来表示主机上的一个目录或文件地址。

1.1.2 网站与网页

1．网站的基本结构

网站是通过一个或多个 Web 服务器提供服务，将提供的所有信息分为了多个网页，浏览器通过链接获取到所有资源，因此网站是一个链接网页的集合，在逻辑上为一个整体的页面，有共享的属性，如主题和共同的目标等。而网页则是组成网站的元素。

对于一个小型网站可能只包含几个网页，而一个大型网站则可包含成千上万个网页，因而在构建网站时，需要考虑这些网页的组织方式，也就是网站的结构。它可以大致分为三种基本类型：层次结构、线性结构和网状结构。

层次结构：一些软件的在线帮助或者教学文档都属于层次型结构网站，这种网站结构的优点是层次分明、结构清晰，访问者很清楚自己需要寻找的内容在什么位置。

线性结构：线形结构的网站一般只能确定某个链接和下一个链接之间的必然联系，它们之间是有序的线性排列关系，就好像一个工厂生产线的工艺流程一样。这种结构的网站适合用来组织某种流程式的网页结构。

网状结构：是现在使用最多的一种网站结构，尤其是在大型的门户网站中，该结构几乎无处不在，只要是一个页面中的内容和其他页面有某种联系，就将它们之间制作成超链接，访问者可以在网站中随意跳转浏览。

2．网页浏览原理

网站根据交互响应方式的不同，提供了静态和动态两大类网页给用户。网站可采用静动结合的原则，在适合采用动态网页的地方用动态网页，如果必须使用静态网页时，则可以采用静态网页的方法来实现网站中的网页浏览。

（1）静态网页

静态网页是标准的纯粹的 HTML 文件，每个页面都有一个固定的 URL，即以.htm、.html、.shtml、.xml 等为后缀的文档。它可分为纯静态网页和客户端动态网页，纯静态网页是包含 HTML 标记、文本、声音、图像、动画、电影以及客户端 ActiveX 控件的网页，它不包含任何脚本，内容由开发人员编辑好后不会自行改动的网页，此类网页最终效果不会因为用户的操作而改变。而包含了可在客户端浏览器中执行的脚本程序，并且可以改变网页中各种标记内容的静态网页，称为客户端动态网页。客户端动态网页有 JavaScript 或 VBScript 脚本的加入，可对用户的操作做出响应，达到动态的效果。但是，这些动态的内容是事先设计好的固定内容，并随页面一同下载到客户端，用户的所有操作及动态显示均与网站的服务器无关。

静态网页的访问和处理方法如图 1-3 所示，每个静态网页都是一个独立的文件，网页的内容一经发布到网站服务器上，无论是否有用户访问，都实实在在地保存在网站服务器上，因此网页内容相对稳定，十分容易被搜索引擎检索。

图 1-3　静态网页的浏览

　　静态网页没有数据库的支持，交互性会比较差，在功能方面受到了较大的限制，在网站制作和维护方面工作量也比较大，因此当网站信息量很大时，完全依靠静态网页制作方式会比较困难。

　　（2）动态网页

　　动态网页是指包含了在服务器端执行的脚本程序的网页。当网页被访问时，这些脚本程序先在服务器端被解释执行处理后，再使用执行的结果将脚本程序替换，转换成一个新的纯HTML 静态网页发回给客户端。

　　动态网页包含在服务器端运行的程序和网页和组件，它随着不同的客户、不同的时间变化由服务器向动态网页提供一个完全动态的信息内容，对应的页面访问过程如图 1-4 所示。

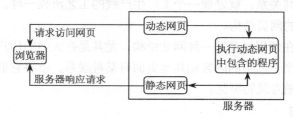

图 1-4　动态网页的浏览

　　动态网页不是以 .htm 和 .html 为后缀名的文件，而是取决于所使用的服务器动态网页开发技术，如：以 .asp、.aspx、.jsp、.php 等为后缀的文档。常用的动态网页开发技术主要有 ASP、ASP.NET、JSP 和 PHP 等。

　　动态网页是以数据库技术为基础，可以大大减少网站维护的工作量，也使网站可以实现更多的功能，如用户注册、用户登录、在线调查、用户管理、订单管理、搜索引擎等。它实际上并不是独立存在于服务器上的网页文件，只有当用户请求时，服务器才会返回一个完整的网页。

1.1.3　网页制作语言和软件

1．网页制作语言

主要有以下几种。

　　HTML：一种利用标记（tag）来描述字体、大小、颜色及页面布局的语言。

　　XML：一种定义语言，任何人、任何行业都可以遵循这些法则，定义各种标识来描述信息中的所有元素，然后通过一种被称为分析程序的小型程序进行处理，使信息能"自我描述"。

　　ASP：由微软公司提供的开发动态网页的技术，提供了 VBScript 或 JavaScript 两种脚本引擎，主要用于网络数据库的查询和管理。

ASP.NET：微软公司提供的开发动态网页的技术，是一种已经编译的、基于.NET 的环境，可以使用任何与.NET 兼容的语言（如 C#、VB.NET）构造 Web 应用程序。

PHP：一种在服务器端运行，在 HTML 文档中嵌入的脚本语言。

JSP：一项基于 Java 语言的动态网页技术标准，为创建可支持跨平台和 Web 服务器的动态页面提供了简洁而有效的工具，并逐渐成为动态网页的主流开发工具。

2．网页制作软件

一个网页实际就是一个普通的文本文件，使用最简单的纯文本编辑软件（如记事本、EditPlus），或者专业的网页制作软件（如 Dreamweaver、FrontPage）都可以进行编辑制作。一些常用的网页编辑软件、素材制作软件和常用工具软件有如下几种。

Dreamweaver：针对专业网页设计师开发的网页制作软件，利用它可以轻松制作出跨平台和跨浏览器限制的充满动感的网页。由于 Dreamweaver 具有所见即所得的优点，因此它也非常适合网页设计的初学者。

FrontPage：由微软公司推出的网页制作工具。它使网页制作者能够更加方便、快捷地创建和发布网页，具有直观的网页制作和管理方法，简化了大量的工作。

Flash：一种二维动画设计软件，被大量应用于网页矢量动画的设计。由于 Flash 可以包含动画、视频、演示文稿和应用程序，并且它的文件非常小，因此 Flash 目前已经成为了 Web 动画的标准。

Fireworks：一种创建与优化 Web 图像和快速构建网站 Web 界面原型的理想工具。其可以用最少的步骤生成最小但是质量很高的 JPEG 和 GIF 图像，这些图像可以直接用于网页。作为一种为网页设计而开发的图像处理软件，Fireworks 能够制作切图和生成鼠标动态感应的 JavaScript 按钮，并且具有矢量图和位图图像编辑功能等，这些都是其他网页图像处理软件所不具备的。

Photoshop：由 Adobe 公司开发的图形处理软件，它是目前公认的最好的通用平面设计软件。除了具有图像处理功能外，还含有许多能让用户把图像有效地保存为 Web 格式的功能。

任务实施

（1）双击桌面上的 IE 图标，在地址栏中输入 URL 地址：www.sohu.com、www.dangdang.com、www.apple.com.cn、cctv.cntv.cn 等网址，欣赏各种大型网站，如门户网站、政府网站、新闻网站、商业网站等，可以对各类网站的设计构思、布局结构、内容设置等进行分析，说明自己的想法。

（2）单击 IE 菜单中的"查看"|"源文件"选项（见图 1-5），查看源文件内容，或单击 IE 菜单中的"文件"|"另存为"，将源文件保存在本地硬盘上，选定好路径，最好是放在不同类型的文件夹中，如在已创建的"门户类网站"、"政府类网站"、"新闻类网站"、"商业类网站"等文件夹中。通过双击文件夹下的文件查看源代码。

（3）"另存为"的文件的图标和 IE 相近，也能用 IE 打开的文件（即.html、.htm 或.HTML），是个 HTML 文件。除 HTML 文件外，还有很多文件夹，其下分别放着的有扩展名为 css、js 类型的文件，它们分别是用 CSS 和 JavaScript 写的文件。对于这些文件，选中想要打开的文件，

单击鼠标的右键选择打开方式（见图 1-6）为记事本，可以看到源文件代码，此时可以体会下文件中源代码和各类文件的语法规则。

图 1-5　查看菜单项的源文件子菜单项　　　　图 1-6　弹出菜单中打开方式菜单项

任务 1.2　网站总体规划

任务描述

作为网站的设计者，应该会主动思考企业或机构如何在互联网上能拥有一个优质的交流平台，如何能打造出一个具有足够表现力、极具吸引力的网站，如何建设出能超越其他网站且具有十足个性的网站。如果经过深思熟虑后，设计的网站产生了绝对的优势，达到提升企业影响力和信任度的目标，就能得到老板的认可和嘉许。为达到这个目标，先从网站建设的工作流程的了解开始，从中分析出原因，做足开工准备，会减少网站建设过程中的不必要产生的错误，提高制作网站的效率，实现又快又准地完成整个网站的建设任务。

本任务实现企业网站的总体规划和企业网站的具体功能规划，明确网站开发的方向、目标、功能和内容，为网站建设与开发拉开真实的帷幕。

知识引入

1.2.1　网站开发流程

1．前期的定位与规划

建设网站的前期规划阶段包括确定网站的主题、提出创意与策划方案、搜集整理资料和规划网站结构。

（1）网站的目标定位

一个网站要有明确的目标定位，这是在进行网站设计之前必须要考虑和解决的首要问题。只有定位准确、目标鲜明，才可能进行切实可行的计划，按部就班地进行设计。

网站的目标定位要做到网站主题的小而精，即定位要小型化，内容要精良，从而突出个性和特色，题材应该是自己擅长或者喜爱的内容，不要选择到处可见、人人都有的题材，也不要选择已经存在的非常优秀、知名度很高网站的题材，因为很难超越。

（2）网站的风格

独特风格的网站，让网站充分展示企业形象、体现企业文化，给浏览者一种美的感受，这是一个艺术创作与网络技术结合的过程，这是网页设计者的艺术素养和气质的体现，也是网页设计者艺术的鉴赏力、艺术的表现力的展现。

网站风格的产生取决于网站的专业特性、版面布局、交互性、文字和信息价值等诸多因素的相互作用，即使同一个主题，不同的人会创作出风格上千差万别的网站。如新浪的平易近人、IBM 的专业严肃、动画类网站的生动活泼等，这些都是网站给浏览者留下的深刻印象，和不同的感性认识，让人觉得和蔼可亲、赏心悦目，成为一种享受。

另外，网站的风格还需要在保证内容的质量和价值性的前提下，同时突出网站中最有特点、最能体现网站风格的信息，以它作为网站的特色加以强化和宣传。如：网站名称、域名和栏目既有个性又好记忆，网站的基准色彩令人耳目一新等。

（3）网站的创意

网站的创意(idea)是网站能够生存的关键因素之一。一个好的网站创意，可以赢得浏览者对网站的肯定和认可，达到更好地宣传推广网站的目的，因此，网站的创意既要新颖又要符合实际。在设计中，研究所搜集的各类素材、资料，根据经验，去粗取精，启发新的创意，进行消化和拓展，并任意结合，多方位讨论修正，直至最后设计制作网页，实现创意的具体化。

（4）网站内容与目录结构的规划

网站的内容需要充实、详尽，能准确地展示提供的各类信息。当网站的内容较多时，则需将网站中所有的文件、内容进行有效的组织，形成合理的文件目录结构，实现浏览者对网站的内容能一目了然，轻松操作。要做到网站内容的最优化，则在网站设计初期对客户希望获取的信息进行调查和整理，在设计后期对网站内容的满意度进行调查，实现网站内容的及时调整，做到优质优量。

在规划网站目录结构时，有几点需要注意：

① 按栏目内容分别建立子文件夹；

② 资源按类存放在不同的文件夹中；

③ 文件夹的层次不要太深，以免系统维护时查找麻烦；

④ 避免用中文命名文件或文件夹，并且不要使用过长的文件名；

⑤ 命名应尽量有明显的意义。

2．中期设计与制作

网站的中期建设阶段包括形成网站中各网页的最终效果图，通过合适的软件来制作出网页，并进行相应的测试。

（1）最终效果图

根据事先规划的结构，按需要设计几个栏目和版块，用手绘或 Fireworks、Photoshop、CorelDraw 等图像处理软件来制作设计出页面最终效果图。

（2）选择合适的网页制作软件

简单的网页设计可直接使用操作系统自带的记事本来实现，但大多数网站会采用表格、框架与表格结合或 DIV 的形式来设计布局，使得需要编写的内容很多，用记事本进行编写会很辛苦，因而可借助于 Dreamweaver 等软件来添加 HTML 代码，实现网页的背景、logo 的图片和动画和交互功能按钮、表单等，提高制作网页的效率，快速制作已规划的网页内容。

（3）设计制作

在设计时，一般设计制作的特别注重首页设计，它作为整个网站精华的汇集，需要花一定的时间和精力进行设计。另外，设计需要考虑网站应具备多种多样的功能，如信息发布系统、新闻系统、搜索功能、用户管理、网上订购、信息反馈、在线业务等功能，这些在网站开发时均要进行实现。除了功能模块外，同时还需要提供清晰的网站导航和子栏目设计。子栏目的设计有时需要创建模版，以达到设计的统一性的目的。在设计过程中，一定要注意改善页面间的连贯性、分区的明确性和精选内容的快速查找，从而设计出一个吸引浏览群的网站。

（4）测试网页

在网页制作完成之后，用户需要测试网页以确保网页的正常使用。测试网页主要包括以下几个方面：① 兼容性测试；② 链接测试；③ 实地测试；

3．网站调试与维护

网站调试维护是整个网站存续期间都需要做的工作，特别是网站建设的后期，更会不断地产生各方面的问题需要进行维护。网站调试与维护不仅包含在网站设计中出现的错误进行纠正，还包括对网站内容、外观的持续变动，甚至包括对网站目标、规模的部分修正。

具体的网站调试与维护工作主要包含如下 7 点：

① 保证您的网站能够正常运行。

② 对网站内容不断进行完善，即时更新，包括图片及一些文字的修改。

③ 增添功能的局部开发，实现某些功能，如产品信息、服务信息的添加（网站整体风格及功能模块不变）。

④ 技术支持服务，如后台的使用等。

⑤ 加强网络营销和网站推广。

⑥ 及时为网站付费，不影响网站的正常使用。

⑦ 网站进行空间拓展和增加功能时，从原来的租用空间转为租用服务器、服务器托管、自己架设专线等。

1.2.2 网站功能规划

1．需求分析

（1）需求分析的概念

需求分析是开发一个新的或改变一个原有的网站时，明确网站目标、范围、定义和功能时所要做的所有工作。在这个过程中，设计者需要理解用户需求，就软件或硬件功能与客户达成一致，估计项目风险和评估项目投入，做出详细的分析，最终形成开发计划。开发一个项目之前，需要正确的了解并认识客户的需求，使开发人员与客户在需求方面进行充分的理解和沟通。在得到双方的认可后，则可以深入地描述开发项目的功能，实现项目设计的后续工作。否则，在项目设计的过程中，任何对需求设定设定的调整，都会产生大量的返工，造成不必要的损失，甚至使项目在规定的时间内无法完工。

（2）建设网站前的调查分析

在建设网站前，需要做一份调查分析报告，明确开发一个怎样的项目。该报告的内容包括：

① 调查和分析同期行业的市场。调查和分析市场的特点，是否能够在互联网上开展对应业务。

② 调查和分析同期竞争者。调查和分析竞争对手的上网情况及其网站规划、功能作用。

③ 调查和分析网站建设的目标。分析客户需要、自身条件、基本概况、市场优势、网站开发前景以及建设网站的能力（费用、技术、人力等）。

④ 调查和分析网站浏览者的需求。调查和分析网站的浏览客户通过网站需要获取怎样的信息。

（3）案例的需求分析

自身条件分析：随着全球电子商务的发展，国外企业对中国国际贸易电子商务的需求不断增长。像中国这样内部经济发展不平衡、以中小企业为主体的发展中国家，更需要将政府的引导与以市场为主导的企业行为相结合，找出更多与社会和经济发展水平相适应的途径，找到与中国传统国际贸易模式结合的电子商务服务，将促进国际贸易发展，为企业能走出国门，走向国际市场，在国际中产生巨大的影响力。

优势：通过自身的平台优势，展示企业文化，树立良好的企业形象，宣传企业精神、理念和优质服务，提供优质、物美价廉的产品，达到扩大宣传和推广企业的目标；同时将企业信息进行动态管理与更新，并整合代理商、经销商的信息，有效管理，做到以客户为中心的交互式平台，产生良好的企业效应，提高产品的附加值，吸引销售品牌的商家和有货源、销售网络优势的商家入住、加盟，丰富自身产品线，实现双赢。

劣势：现在企业网站很多，没有足够的市场经验和信誉度，初期打开知名度肯定比较困难；还有供货渠道相对较窄，价格不一定便宜；此外，网站建设也不完善。

2．网站定位

（1）需要考虑的问题

企业网站的准确定位，能产生不同一般的市场效应，使企业提升知名度，扩宽销售和服务渠道，占领相当的市场份额。在进行合理的网站定位时，需要考虑以下 4 个问题：

① 确定建立网站的目的。明确建立网站的原因，是宣传产品或品牌推广，还是在线销售或市场调查、网络办公等。

② 确定网站提供的功能。根据公司的需要和计划，整合企业资源，确定网站的功能，如产品宣传型、新闻发布型、服务管理型、经销售管理型、电子商务型等。

③ 确定网站应达到的效果。

④ 确定网站的建设情况和可扩展性。

（2）案例网站的定位

企业网站是为企业在市场开发的基础上，增加的一个覆盖面广的自我展示平台。通过这个平台，可以第一时间展示企业最新动态，发布企业的新产品、企业新闻和媒体报道，也可以将企业的荣誉和基本概况、组织结构、联系方法、品牌文化、品牌故事都展现出来，这样既提升了企业的形象，让供应商和广大客户更好地了解企业的经营理念，及时地了解企业的发展动态，又可以打破地域的局限性和广告费用的高额性，又可以树立并提升全新的企业形象，扩大企业知名度，同时增强销售力，提高产品的综合素质优势。

企业网站是为企业提供一个既方便又直接的与消费者"面对面"的交互平台。通过这个平台，企业可对销售的产品进行介绍和展示，将产品的信息充分地传播给客户，客户可以更加直观地了解企业实力和企业产品，节省了不少的时间。企业也通过网站下载、在线留言、客户意见反馈调查、产品相关调查的在线服务等方式有效地吸引住客户，为客户提供便捷、有效、及时的服务，使客户能实现即时的信息反馈，达到提升产品综合销售能力的附加值、提高客户的信任度、产生一定的行内影响力、形成更强的市场竞争力的目标，同时企业也在第一时间了解客户的需求，把握到市场的动脉，及时寻求到潜在客户，更好、更快地占领国内市场，打入国际市场。

3．内容规划

（1）网站内容规划

网站在做具体的内容规划时，需从以下3个方面来考虑：

① 规划网站的主要内容。可根据网站的目的和功能来规划主要内容，企业网站一般会包括企业简介、产品介绍、服务内容、价格信息、联系方式、网上定单等。

② 规划网站提供的服务。向客户提供的会员注册、详细的商品信息、信息搜索查询、订单确认、相关帮助等服务。

③ 规划网站的栏目。当网站的内容较多时，可分栏目规划并管理，不同人负责相关内容，方便日后的维护与升级。

（2）案例网站的内容规划

企业网站的功能模块设计如图1-7所示。

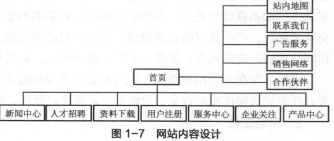

图1-7　网站内容设计

任务实施

根据网站开发的基本流程，现对信达国际电子有限公司网站的总体进行了规划。

1．网站的整体目标

① 网站名称

信达国际

② 网站语言

简体中文

③ 网站风格

简洁明快大方，主题突出，色彩丰富但不杂乱，页面精致细腻

2．网站的设计目标

① 网站的效果图

根据客户需求和分析，本企业网站需要具备提升企业形象、其下品牌传播、销售产品宣

传和客户服务等功能，因此，产生的网站效果图如插页的图 1 和插页的图 2 所示。其中插图中的图 1 是网站首页的效果图，插图中的图 2 是网站的子栏目下分页的效果图。

② 网站开发语言

HTML/CSS/JavaScript

③ 网站的页面设计

对企业网站的首页、子栏目中的新闻中心、企业关注、人才招聘、产品中心、服务中心的网页和其他网页进行设计。

3．网站的后期调试

完成前期的工作需要 3～4 个星期，其后进行网站的测试，如对网页间的链接、网页的设计效果进行测试，完善并优化，再进行网站中内容的上传和推广，并随时进行监测与维护。

项目实训

在网站开发的整个过程中，开发的前期非常重要。这好比做一道奥数题，如果解题方法和思路正确了，会迅速地解开谜团，获得答案。但如果没有正确的思路，轻则需要花费太多的时间，重则无法得到结果，一切从头再来。因此把握好客户的建站需求，对网站的功能进行详细划分，通过完成功能规划报告书的编写，实现网站的栏目规划，明确网站开发的方向、目标、功能和内容，才能走好网站开发过程中后面的路。

功能规划报告书

1．网站需求分析

长沙科达国际电子有限公司是一家销售电子产品的企业。企业销售的产品分为军工、工业、民用等不同等级的产品，企业能对销售的产品提供全面的质量保证和售前、售中、售后的多元化服务。

企业需要通过网络平台展示并提升企业形象，提高企业影响力，并对销售产品进行直观的展示和多方位的宣传，对销售产品与服务进行全面的展现。

2．网站的定位

网站以蓝色为主色调，红色为突出色，给浏览者舒心的感觉，主题鲜明突出（产品宣传，开心服务），要点明确，实用简洁，在宣传企业和方便用户了解企业、产品的同时，完成购买产品、技术支持、咨询服务、在线留言和问卷调查，实现与客户之间的相互了解、信息沟通和动态交互，从而拉近与客户之间的距离。

3．网站的网站框架与栏目

网站主体框架为企业网站的首页、子首页的新闻中心、企业关注、人才招聘、产品中心、服务中心等栏目，具体的栏目如图 1-8 所示，采用二级栏目，包含企业新闻、媒体报道、市场资讯、企业文化、企业荣誉、热点产品、在线招聘、服务资讯、在线服务等，其中特别要说明的是资料下载功能只能在成为会员后才能使用。

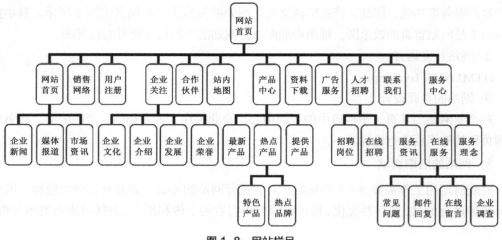

图 1-8 网站栏目

4．网站设计功能模块说明

如表 1-3 所示。

表 1-3 网站设计说明

设计项目	设计说明
主页	信达国际电子网络形象展示和区域栏目设计
主体页面设计	设计一级栏目：首页、新闻中心、人才招聘、服务中心、产品中心、企业关注
	设计二级栏目：风格统一、主题突出、方向明确
站内地图	支持从站内地图进入各一二级页面
页面收藏	支持收藏当前浏览页
设为首页	支持将网站首页设为初始页
时间关怀	支持按系统时间提示关怀性话语
站内搜索	支持客户在搜索文本框中输入关键词或其他信息进行搜索
资料下载	支持注册客户资料下载

习题

1. 什么是网站？什么是网页？

2. 静态网页与动态网页有何区别？

3. 什么是脚本语言，它是用来做什么的？

4. 网页设计的语言有什么？

5. 什么是 URL？其组成部分有哪些？

6. Internet 上主机的 IP 地址和域名的关系是什么？ 查出 www.hniu.com 域名的对应 IP。

7. 请解释网站开发的主要流程。

8. 使用 IE 打开百度首页，查看其源文件，分析其结构并保存网页上的图像和文字。

PART 2

项目 2
网站搭建与管理

知识目标

1. 熟悉 Dreamweaver CS6 环境下的各窗口作用。
2. 掌握站点创建与管理的方法。
3. 掌握站内文件的管理方法。

能力目标

1. 具备操作 Dreamweaver CS6 软件的能力。
2. 具备用 Dreamweaver CS6 设计简单网页的能力。
3. 具备设置 Dreamweaver CS6 参数的能力。
4. 具备创建本地站点和远程站点的能力。
5. 具备创建、保存与管理站内文件的能力。

学习导航

　　本项目完成网站的站点配置、网站中文件的创建、保存，实现文件的复制与移动、删除等管理，以及属性的基本设置。项目在企业网站建设过程中的作用如图 2-1 所示。

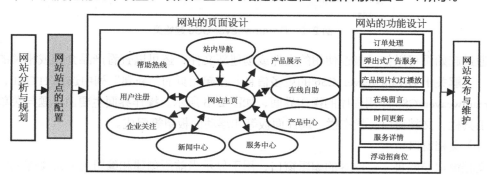

图 2-1　学习导航图

任务 2.1 站点搭建

任务描述

网站的建设需要软件的帮助才能快速的建设起来。Dreamweaver 这个网页设计软件，不仅能提供强大的网页编辑功能，还提供完善的站点管理机制，能快速制作和编辑网站与移动应用程序。因此，学习现在流行的具有多屏预览面板呈现 HTML5 优势的 Dreamweaver CS6，熟悉 Dreamweaver CS6 的操作界面尤为重要，用它来实现整个网站的创建和管理也迫在眉睫。

本任务在熟悉 Dreamweaver CS6 集成开发环境的基础上，创建本地站点 myweb，指定站点根目录为 E:\myweb\。并练习设置 Dreamweaver CS6 各项首选参数，观察设置后的效果。

知识引入

2.1.1 Dreamweaver CS6 工作界面

1. Dreamweaver CS6 的工作区域

电脑安装了 Dreamweaver CS6 后，单击操作系统的"开始"按钮，选择"所有程序" | "Adobe Dreamweaver CS6"菜单，可以启动 Dreamweaver CS6 集成开发环境。启动后首先看到的是如图 2-2 所示的起始页。

图 2-2 Dreamweaver CS6 起始页

通过起始页可以打开最近使用的文件或创建新文件，还可以查看产品介绍或相关的培训信息，了解关于 Dreamweaver CS6 的更多信息。在起始页的"新建"列中选择 HTML，可进入 Dreamweaver CS6 应用程序的操作界面，如图 2-3 所示。操作界面主要由标题与菜单栏、文档工具栏、文档窗口、状态栏、属性面板等和浮动面板组等组成。

（1）文档窗口

文档窗口是网页文件内容的编辑窗口，用于显示当前所创建和编辑的网页文件的内容。根据文档工具栏所选视图的不同，文档窗口中显示的内容也不同。

（2）标题栏

标题栏主要显示软件名、当前所编辑的文档名和文档规范。在标题栏的右侧有"最小化"、"最大化或还原"、"关闭"3个按钮，它们的使用和 Windows 其他应用程序完全相同。

图 2-3　Dreamweaver CS6 工作界面

（3）菜单栏

菜单栏提供 10 个菜单项，可以快速对站点进行操作处理，也可以对网页文件进行灵活地操作控制。

（4）文档工具栏

文档工具栏用于切换网页视图，提供文档操作的常用命令和选项的快捷操作按钮，各按钮具有各自的功能，如图 2-4 所示。

图 2-4　文档工具栏

代码视图：仅在文档窗口中显示代码视图，代码视图以不同的颜色显示 HTML 代码，方便用户区分各种标记和对代码进行编辑。

拆分视图：在文档窗口同时显示代码视图和设计视图。这样当用户在代码视图中编辑 HTML 源代码时，单击设计视图的任意位置，可直接看到相应的编辑结果。

设计视图：仅在文档窗口中显示设计视图。可直接编辑网页中的各个对象。

实时视图：显示不可编辑的、交互式的、基于浏览器的文档视图，可快速预览网页效果。

实时代码：显示浏览器中用于执行该页面的实际代码，与在浏览器中选择"查看" | "源文件"菜单显示同样的内容。

文档标题：可输入文档标题，浏览网页时，该标题显示在浏览器的标题栏中。

文件管理：单击该按钮会打开一个列表，可从远程站点取回选择其中的选项文件，或将文件由本地站点上传到远程站点。

在浏览器中预览/调试：单击后可从弹出菜单中选择一个浏览器版本，通过浏览器预览或调试当前编辑的文档。

刷新设计视图：用于代码视图中内容更改后对应文档设计视图的刷新。这是因为在执行某些操作（如保存文件）之前，用户在代码视图中所做的变更不会自动显示在"设计"视图中。

视图选项：允许为代码视图和设计视图设置显示方式。如是否显示网格和标尺，哪些视图显示在上面等。

可视化助理：设置在编辑网页时显示（如表格边框、表格宽度等）或隐藏某个可视化助理，以便于操作。

验证标签：验证当前文档或整个当前站点中是否存在错误或警告。

检查浏览器兼容性：检查跨浏览器的兼容性，以减少或避免由于浏览器不同而造成网页版式、链接的混乱。

（5）文档状态栏

状态栏位于文档窗口的底部，提供了与当前文档相关的一些信息，如图2-5所示。

图2-5　文档状态栏

标记选择器：显示光标所在位置标记的层次结构。单击某个标记可以选择该标记所代表的内容，如单击<body>标记可选择当前网页的整个内容。若将光标定位在表格中时，将显示该表格的相关标记，此时单击<tr>标记则可以选择表格中光标所在行。

选取工具：用于对文档内容进行选取。

手型工具：与缩放工具一起对文档内容进行拖动。若要将缩放后的内容进行平移，可选择此工具将其拖放到想放的位置。

缩放工具：用于放大或缩小文档。如果需要放大文档，可以在选择该工具后，在页面上需要放大的位置单击，直到获得所需的放大比率。如果需要缩小文档，可按住Alt键的同时，在页面上单击。

窗口大小：显示设计视图的当前尺寸。弹出的菜单用来将文档窗口的大小调整到预定义或自定义的尺寸。

文档大小预计下载时间：显示文档大小（包括所有相关文件，如图像等）和估计的下载时间。

编码指示器：显示当前文档的文本编码。

（6）属性面板

属性面板用于查看或修改所选对象的最常用属性，如图2-6所示。网页设计中的对象都有各自的属性，如文本有字体、字号、对齐方式等属性，图像有大小、链接、替换文字等属性。因此属性面板中的内容会根据选定对象的不同而变化。

图2-6　属性面板

（7）浮动面板组

Dreamweaver CS6 为用户提供了众多的面板，如图 2-7 所示的窗口菜单展开后，显示的属性面板、插入面板、文件面板、历史记录面板等，这些面板可自由选中后打开，用于对网页制作过程的监控或网页中对象的属性进行设置。当选中的插入面板时，该面板提供对象按钮方便地在网页中将图像、表格和多媒体元素等各类对象插入到文档中，如图 2-8 所示。

图 2-7　Dreamweaver CS6 的窗口　　　　　　图 2-8　插入面板

为了便于管理，Dreamweaver CS6 将这些面板归纳到不同的面板组中，可根据需要选择性地显示或隐藏面板在工作区中。如文件面板组包含了文件面板和资源面板，CSS 面板组包括了 CSS 样式面板和 AP 元素面板等多个面板。不过，也不是所有的面板组都包含了多个面板，如插入面板、属性面板、历史记录就是只包含一个面板。

浮动的面板组是指面板组可以由固定位置变为浮动状态，可置于屏幕上的任意位置，只需单击面板组标题栏并拖动，就可将面板组变为浮动状态。若要将浮动面板组停靠，则可执行菜单栏中的"窗口"｜"工作区布局"｜"重置'设计器'"命令，使浮动的面板组恢复至最初设置。单击面板组右上方的"折叠为"图标按钮，可以将面板折叠或展开，极大的节省出显示空间，方便要处理的设置来进行操作。当面板组包含多个面板时，可以在展开面板组后，通过单击面板标签在各面板之间切换。展开后的面板组，其标题栏的右侧有一个按钮，用于打开一个关于该面板组操作的选项菜单，从而更方便地操作面板组，如关闭面板组等操作。

2．Dreamweaver CS6 的首选参数设置

在 Dreamweaver CS6 的起始页上，可选择进入首选参数设置窗口，使用对应的参数设置能定制 Dreamweaver CS6 的操作界面，使其适合于网站设计者的个性需求，如更改工作界面布局、隐藏或显示起始页等。另外，也可以进入 Dreamweaver CS6 工作界面内的菜单栏，选

择"编辑"|"首选参数"菜单项进入首选参数的设置。

（1）Dreamweaver 的常规首选参数设置

常规的首选参数对话框用于控制 Dreamweaver CS6 的常规外观，包括文档选项和编辑选项，如图 2-9 所示。

（2）默认文档类型和编码设置

设置新建文档首选参数的对话框如图 2-10 所示，其是创建文档时默认创建的文档类型和编码，为新建文档设置文档类型和编码等。

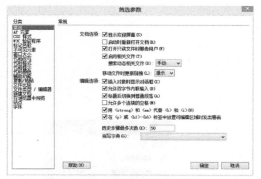

图 2-9 "常规"首选参数设置对话框

图 2-10 新建文档首选参数设置对话框

通常默认页面文档的类型为 HTML，默认创建新文档中字符使用的编码为 Unicode（UTF-8），对应内容在文档头中的 meta 标记内自动生成，用于告知浏览器和 Dreamweaver 应如何对文档进行解码，以及使用哪种字体来显示解码文件。例如当定义文档的编码是"简体中文"时，则在对应网页头部的标记中产生的内容为<meta http-equiv="Content-Type" content= "text/html; charset=GB2312" >，浏览器也使用简体中文的编码方式对网页字体进行显示。

（3）Dreamweaver 的文档设置"字体"设置

字体首选参数的设置可以使网页制作者以自己喜欢的字体和大小查看给定的编码，如图 2-11 所示。这样的字体首选参数设置，是指在 Dreamweaver CS6 中字体显示的方式，而不是浏览器中字体的显示方式。

图 2-11 字体首选参数设置对话框

（4）Dreamweaver 的 W3C 验证程序设置

W3C 验证程序的设置可以帮助网页设计者按验证参照对象的规则检测网页，如图 2-12

所示。这样的 W3C 验证程序设置，使设计的网页能兼容大多数浏览器，不会因为兼容问题导致网页内容错位，同时网页代码会相对简洁，从而带来更多的访问者。

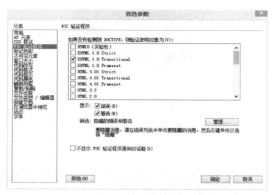

图 2-12　W3C 验证程序设置对话框

2.1.2　本地和远程站点搭建

一个网站是先在本地计算机中制作并完成测试后，再上传到互联网上的服务器中的，因此需要先建立起站点，来管理网站中的所有文件和资源。站点分为本地站点和远程站点，本地站点是本地计算机中的网站，远程站点是服务器上的网站。

为方便管理和编辑站点，Dreamweaver CS6 提供了站点创建与管理工具，通过站点管理器可更好地对站内文件进行管理，实现本地路径设置、地址信息管理、远程服务器管理、测试服务器环境配置、模板和库管理等功能。

1．创建本地站点

创建的本地站点包含设置站点名称、站点性质和站点所对应的文件夹，步骤如下。

① 启动 Dreamweaver CS6，选择菜单中的"站点"菜单项，弹出如图 2-13 所示的子菜单项。

② 选择"新建站点"菜单选项，弹出"站点设置"对话框，如图 2-14 所示。在第一个文本框中输入如"企业网"的内容，以设置站点名称，在第二个文本框中输入如"D:\myweb\"的内容，以设置站点所存放的根目录文件夹。

图 2-13　站点菜单

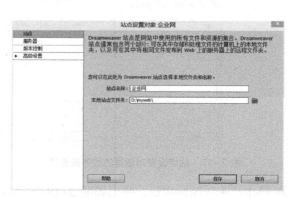

图 2-14　设置站点名称

③ 单击"保存"按钮，一个新的站点创建成功，在文件面板中可见新建的站点，如图 2-15 所示。

图 2-15　文件面板

2．创建远程站点

① 创建本地站点后，可通过编辑站点更新站点信息。选择菜单中的"站点"｜"管理站点"对话框选项，弹出"管理站点"对话框，如图 2-16 所示。

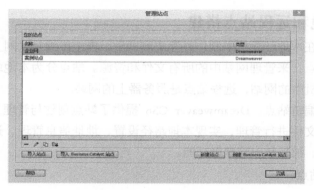

图 2-16　管理站点

② 选择所要编辑的站点，双击鼠标右键进入"站点设置"对话框，选择服务器选项可对所建立的站点进行修改。也可在创建站点进入"站点设置"对话框时直接修改，如图 2-17 所示。

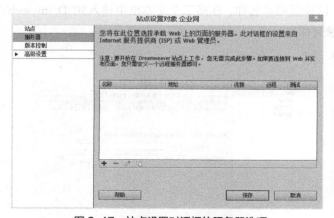

图 2-17　站点设置对话框的服务器选项

图 2-18　设置远程站点类型

③ 单击"＋"图标按钮，弹出如图 2-18 所示对话框，可在文本框输入服务器的名称、web 路径和远程站点在本地计算机上的根目录。同时在"连接方式"下拉列表中可选择一种

远程访问形式,(如 FTP、本地/网络访问方式),选择 FTP 是指通过 FTP 连接到服务器,在"FTP 主机"文本框中输入 FTP 主机的名称,在"主机目录"文本框中输入远程站点的根目录名称。在"登录"和"密码"框中输入用户自己的登录名和密码,单击"测试"按钮,则可以对当前设置进行测试了。

如果希望在本地或局域网中构建远程站点,需要在"连接方式"下拉列表框中选择"本地/网络"选项,并创建一个位于本地计算机的远程文件夹。

对于远程站点的信息修改也可以选择高级选项设置,如图 2-19 所示,可以设置在上传下载网站时是否维持同步和是否启用文件取回功能、测试服务器模型等。

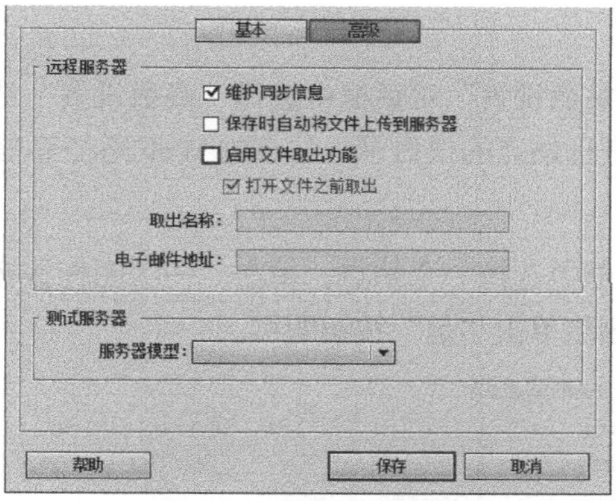

图 2-19　设置远程站点类型

任务实施

实现任务的过程即是前面创建本地站点的过程,只需将步骤 2 中的站点名文本框中的名称修改为 myweb,同时将指定站点根目录更改为 E:\ myweb \。

任务 2.2　站点和站点文件管理

任务描述

创建站点的目的是为了更好的分类管理网站内的文件,方便管理网站的资源。因此,在创建站点之后,站点内存在的各类文件、素材不需要全部放在站点根目录下,而是分别放置在不同的子文件夹中,以方便快速寻找到各类文件和素材。

本任务实现对已创建好的本地站点"myweb"的文件进行创建和管理(如:对文件进行剪切、删除、复制等操作)。建立一个存放图片的文件夹"img",并新建名为"help.html"、"map.html"、"media.html"、"show.html"、"regin.html"的网页文件,最后设置"index.html"的页面属性。

知识引入

2.2.1　站点基本操作

站点创建后，需要对站点及站点内的内容做一些操作（如站点的打开、编辑、删除和复制）时，可通过管理站点来完成。

1．打开站点

在图 2-16 所示的"管理站点"对话框中，选择要打开的站点，单击"完成"按钮，在文件面板上可以看到在站点文件中选中的本地站点。

2．编辑站点

在打开站点后，在"站点设置"对话框中选择"高级设置"选项，选择"本地信息"选项，如图 2-20 所示，可进行站点的根目录、站点的 Web 路径等信息编辑。

3．删除站点

在"管理站点"对话框中选择一个站点，单击"—"图标按钮，弹出一个提示对话框如图 2-21 所示，确定需要删除单击"是"按钮即可。

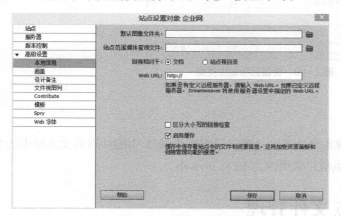

图 2-20　设置远程站点类型

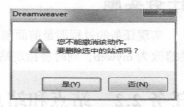

图 2-21　删除站点

4．复制站点

在"管理站点"对话框中选择要复制的站点，单击"复制"按钮，即可复制站点，复制的新的站点名出现在站点列表中。

2.2.2　站内文件管理

对一个站点而言，除管理站点外，站内的文件也需要进行管理，如将不同类型的文件放在不同的文件夹中、在不同的子文件夹放网站中不同栏目下的网页、同时用易懂的小写英文字母命名文件、文件夹名等，依据这样的原则在 Dreamweaver CS6 中可利用"文件"面板快速方便地管理站点中的文件和文件夹。

1．新建文件和文件夹

选择本地站点，在"文件"面板中右键单击该文件夹，弹出的快捷菜单中选择"新建文件"或"新建文件夹"选项，可在对应的根目录下产生名称为"untitled"的文件或文件夹，并进行编辑更改，如图 2-22 所示。如果要为某个已有的文件或文件夹重新命名，则选中文件或文件夹，按鼠标右键弹出快捷菜单，选择"编辑"｜"重命名"菜单项，文件名或文件夹名变为可编辑状态，删除旧的文件名或文件夹名，输入新的文件名或文件夹名。

为快速寻找、区分和管理好文件，需要按一定的规则来命名文件和文件夹，如静态网页的首页文件一般命名为"index.html"。命名时要注意：①最好不要使用中文命名文件，操作系统不同中文命名文件会出错。②文件名不要使用大写字母，不同的操作系统区分英文大小写。③运算符号不能用在文件名的开头。④比较长的文件名可以使用下划线"_"来隔开多个单词或关键字。在大型网站中，分支页面的文件应存放在单独的文件夹中，如存放网页所需图像的文件夹一般命名为"images"或"img"。

图 2-22　创建新文件及文件夹

2．文件或文件夹的基本操作

与大多数文件管理器一样，站点文件窗口用类似的方法实现站内文件或文件夹的打开、删除、复制和移动等。如若要打开文件，可以直接在文件列表区双击文件名，如果是网页文件，该文件会自动在网页编辑区打开。若要删除文件或文件夹，可以右击选中的文件或文件夹，在弹出的快捷菜单中选择"编辑"｜"删除"实现删除操作。而文件的剪切、复制和粘贴也可在"编辑"选项下选择对应的命令完成。

3．新建 HTML 文件

选择菜单栏中的"文件"｜"新建"菜单项，弹出新建文档对话框，在左侧的"文档类型"列表中选择"空白页"，"页面类型"列表中选择"HTML"，在"布局"列表中选择"无"，如图 2-23 所示。

图 2-23　新建文档对话框

4．打开 HTML 文件

选择菜单栏中的"文件"｜"打开"菜单项，弹出"打开"对话框，在"查找范围"下拉列表中选择文件所在的路径，通过文件列表选择要打开的文件，即可打开需要打开的文件，如图 2-24 所示。

图 2-24 打开文档对话框

5．HTML 文件内添加内容

利用 Dreamweaver 可方便地在 Web 页中添加多种内容，如设计窗口中直接输入文字，代码窗口直接输入代码，同时也可以选择"插入"面板中的图标将各对象插入到指定的位置，并通过属性的修改来改善网页效果。关于具体内容的添加，将在下一章节中进行详细的讲述，此处只做简单介绍。

6．关闭 HTML 文件

关闭文件可以单击文件名的"关闭"按钮，或是按 Ctrl+w 组合键。执行该操作时，如果文件已被修改，会弹出一个提示对话框，如图 2-25 所示，选择是否保存修改后再关闭。如果文件未命名，也会弹出一个"另存为"的对话框，提示用户命名文件。

7．保存 HTML 文件

选择菜单栏中的"文件"｜"保存"菜单项，会弹出一个"另存为"的对话框，在该对话框中"保存在"下拉列表中选择保存文件的路径，在"文件名"文本框中输入文件要保存的名字，如图 2-26 所示，实现 HTML 文件的保存。

图 2-25　关闭文档对话框　　　　　图 2-26　保存文档对话框

8．预览 HTML 文件

单击文档工具栏的 　 按钮，可在浏览器中预览网页效果。在弹出的菜单中选择"预览在

IExplore"菜单项，会打开一个窗口预览当前修改的文档，查看设计效果。如果未保存文件，会弹出是否保存文件的提示框，单击关闭提示框按钮，会在 IE 浏览器中查看原已打开的网页文件。

9. 页面的属性设置

新建网页后，一般都要对页面进行一些属性设置，方便编辑网页内容。单击属性面板中的"页面属性"按钮，或是在菜单栏中选择"修改" | "页面属性"菜单项，弹出如图 2-27所示的页面属性设置对话框。

（1）设置页面外观

在页面属性对话框中，单击左侧"分类"列表中的"外观（CSS）"选项，其参数将显示在对话框右侧，主要的参数功能如下。

页面字体：通过下拉列表框中的选择设置页面所需使用的字体。也可单击右侧的按钮将标题文字加粗或斜体。

大小：可在下拉列表框中选择页面所需使用的字号。也可直接在文本框中输入数字表示大小。

文本颜色：单击■按钮可打开颜色选择器，从中选择需要的颜色设置为文本颜色。

背景颜色：与文本颜色设置相同，此处是用于设置整个页面的背景颜色。

背景图像：设置网页背景图像的来源。对于某些网页，单一的背景颜色不能满足需求，可以通过背景图像来实现。

重复：设置背景图像的重复方式，默认状态为"重复"，不管设置的背景图像大小，都会填满整个窗口。如果选为"不重复"，则背景图像保持原大小。也可选水平和垂直方向的平铺图像。

左、右、上、下边距：设置页面内容与浏览器左、右、上、下边界的距离。

单击左侧"分类"列表中的"外观（HTML）"选项，其参数将显示在对话框右侧，如图2-28 所示。通过设置这些选项同样可以设置页面的背景图像、背景颜色、文本颜色、链接颜色和左右上下边距。不同的是在该界面中设置的选项将以 HTML 的形式出现，而在"外观（CSS）"界面中设置的选项将以 CSS 的形式出现在页面代码的上方，同时"外观（CSS）"中设置的样式优先于"外观（HTML）"中设置的样式。

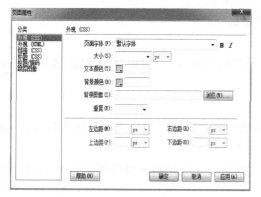

图 2-27　设置页面属性

图 2-28　设置外观（HTML）属性

（2）设置链接格式

在页面属性对话框中，单击左侧"分类"列表中的"链接（CSS）"选项，其参数将显示在对话框右侧，如图 2-29 所示，主要的参数功能如下。

链接字体：设置链接文本的字体。可单击右侧的按钮将链接文本加粗或斜体。

大小：设置链接文本的字号大小。

链接颜色：设置网页中链接文本的颜色。

变换图像链接：设置鼠标经过时链接文本的颜色。

已访问链接：设置访问后的链接文本的颜色。

活动链接：设置鼠标单击时链接文本的颜色。

下划线样式：设置链接对象的下划线情况。

（3）设置标题格式

在页面属性对话框中，单击左侧"分类"列表中的"标题（CSS）"选项，其参数将显示在对话框右侧，如图 2-30 所示，其主要的参数功能如下。

图 2-29　设置链接属性　　　　　　　图 2-30　设置标题属性

标题字体：设置页面标题的字体样式，可单击右侧的按钮将标题文字加粗或斜体。

标题 1~6：设置一级到六级标题的字号大小，可在下拉列表框中选择，也可直接输入数字，另外可通过右侧的按钮进行标题的颜色设置。

（4）设置网页标题与编码类型

在页面属性对话框中，单击左侧"分类"列表中的"标题与编码类型"选项，其参数将显示在对话框右侧，如图 2-31 所示。主要的参数功能如下。

标题：设置网页标题，该标题将出现在浏览器标题栏中。

文档类型：设置文档代码类型。

编码：设置文档中字符在浏览器中显示时所用的编码类型，一般用"GB2312"或"UTF-8"编码方式。

（5）设置跟踪图像

在页面属性对话框中，单击左侧"分类"列表中的"跟踪图像"选项，其参数将显示在对话框右侧，如图 2-32 所示，主要的参数功能如下。

跟踪图像：如果需要参照某个网页设计自己的网页，可先用将该页截图保存为 jpg 格式的图像，然后将其设置为跟踪图像即可。

透明度：设置跟踪图像的透明度，可使用鼠标拖放滑块进行设置。

图 2-31 设置标题/编码属性

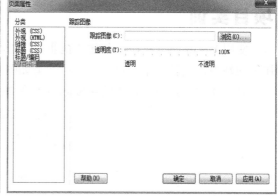

图 2-32 设置跟踪属性

任务实施

（1）在"文件"窗口的下拉列表中选中"myweb"，选择菜单中的"站点"｜"管理站点"选项，弹出管理站点的对话框，选择"编辑"按钮，弹出"站点定义为"对话框，选择"高级"选项卡，从左侧的"分类"列表中选择"远程信息"选项，从"访问"下拉列表框中选择"本地/网络远程"访问形式，单击"确定"按钮将"myweb"网站设置为远程站点。

（2）选择菜单栏中的"文件"｜"新建"菜单项，弹出新建文档对话框，在左侧的"文档类型"列表中选择"空白页"，在"页面类型"列表中选择"HTML"，在"布局"列表中选择"无"，单击"创建"按钮，进入文档窗口。

（3）可选择插入或添加一些对象和文字，选择菜单栏中的"文件"｜"保存"菜单项，会弹出一个"另存为"的对话框，在该对话框 "保存在"下拉列表中选择"E:\myweb\"，在"文件名"文本框中输入 index.html，做为网站的首页，单击"保存"按钮。

（4）按步骤 2 和 3 方法创建"map.html"、"media.html"、"show.html"、"regin.html"和"help.html"文件。

（5）在"文件"窗口中选中"站点-myweb"，按鼠标右键弹出菜单，选择"新建文件夹"，在文件窗口出现一个名为"untitled"的文件夹，选中此文件夹按鼠标右键弹出菜单，选择"重命名"，将其修改为"img"，则创建成功一个为"img"的文件夹，如图 2-33 所示。用于存放网站中用到的所有图片。

图 2-33 站点文件管理

（6）选择菜单栏中的"文件"｜"打开"菜单项，弹出"打开"对话框，在文件列表中选择"index.html"打开，选择菜单栏中的"修改"｜"页面属性"菜单项，在弹出的页面属性窗口设置字体大小为"12px"，设置背景图像为站点根目录下的"img/1.jpg"，设置重复为"repeat"，也可以自己做其他属性设置后，单击"确定"按钮保存属性的设置。

（7）通过单击文档工具栏的 按钮，在弹出的菜单中选择"预览在 IExplore"菜单项，预览和查看属性设置结果。

项目实训

使用 Dreamweaver CS6 创建"企业网"的本地站点,搭建一个较合理的站点文件夹结构,并在网站中存放若干个网页文件。可参考如图 1-8 所示的网站规划内容进行搭建。

对应建立的企业站点中的主要内容如图 2-34 所示。

图 2-34　企业站点内容

习题

1. Dreamweaver CS6 可以编写哪些类型的文件?

2. Dreamweaver CS6 的工作窗口由哪几部分组成?

3. Dreamweaver CS6 有哪几种视图模式?如何在这几种模式之间切换?

4. 在 Dreamweaver CS6 工作界面中,选择菜单栏中的"查看"|"工具栏"|"文档"选项,可以显示或隐藏文档工具栏,这个工具栏具有哪三个按钮?

5. 什么是本地站点?什么是远程站点?两者的区别是什么?

6. 定义站点主要是用于设置什么?

7. 在 Dreamweaver CS6 的主编辑窗口中按哪个快捷键可以快速启动主浏览器预览正在编辑的页面?

8. Dreamweaver CS6 如何打开多个网页文件并对指定文件进行操作?

9. 静态网站的首页文件的文件名一般命名为什么? 其他网页文件的命名规则是什么?

10. 在站点中创建一个简单的网页,对网页文件保存并进行预览。

项目 3
网站基础页面设计

知识目标

1. 掌握 HTML 文件的基本结构和语法规则。
2. 掌握文本控制的标记及其属性。
3. 掌握列表标记和超链接标记及其属性。
4. 掌握图像标记和滚动标记及其属性。
5. 掌握表单标记和控件标记及其属性。
6. 掌握多媒体标记及其属性。

能力目标

1. 具备制作图文混排的简单网页的能力。
2. 具备制作包含交互性表单元素的网页的能力。
3. 具备制作包含多媒体元素的网页的能力。

学习导航

　　本项目完成网站中的帮助热线、站内地图、产品展示、用户注册、在线自助网页的设计，实现在网页中加入文字、列表、图像、表单对象、多媒体元素，并进行调整与处理。项目在企业网站建设过程中的作用如图 3-1 所示。

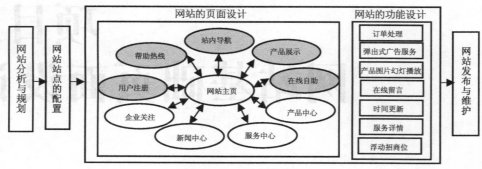

图 3-1　学习导航图

任务 3.1　帮助热线页面设计

任务描述

站点建立起来后，需要对站点中的网页进行具体的设计，以实现网站的功能。网页的设计包括很多方面，可先从基本元素的添加再到内容的充实和美化。在基本网页元素这个环节中，文字的加入与处理则是首要的环节。

本任务通过对网页文字的处理和字体标记、水平线标记、段落标记、换行标记的掌握，编写 HTML 源代码设计网页，产生如图 3-2 所示的网页效果。网页提供企业服务中心的服务标准与联系方式，形成与客户之间的良性沟通。

图 3-2　任务实现效果

知识引入

3.1.1　HTML 文件基本结构

1. 超文本标记语言 HTML

超文本标记语言 HTML 是 HyperText Markup Language 的缩写，通过标记符描述网页中需显示的文本、图片、声音、多媒体等，也通过标记形成页面和实现页面之间的链接。在 WWW（World Wide Web）中每个网站的所有网页都采用了统一规范和标准的 HTML，其具备跨平台、与操作系统无关、通过浏览器直接显示的优点。

使用 HTML 编写的文件的扩展名为 html 或 htm。这样可以使用浏览器解释并浏览文件，同时可以使用记事本、写字板等编辑工具来编写 HTML 文件，也可以在 Dreamweaver 等软件开发环境下编写。

HTML 语言有一定的规则，既简单又方便，使用标记来编写文件。因而标记是描述 HTML 文件结构的标识符，它规定了 HTML 文件的逻辑结构，并且控制网页的显示方式。其分为双标记和单标记两种。双标记有开始标记和结束标记，即由符号<…>、</…>组成，且须成对出现。如文件的开始标记和结束标记<html>、</html>，网页的内容放在这对标记之间。单标记只有开始标记而没有结束标记。如标尺线标记<hr>和换行
等。

在写 HTML 标记时，一般有 3 种基本格式：

① <标记名>文本</标记名>

② <标记名 属性名 1="值 1" 属性名 2="值 2" …>文本</标记名>

③ <标记名>

在网页文件中，标记名都不区分大小写。同时在三种基本格式中，前两种为双标记的表示形式。有时不写结束标记或不分大小写依然能在浏览器中能看到预期的效果，但随着内容的增加和调整，会出现不可预知的结果，这种错误一旦形成习惯就很难改正过来。因此，在写标记时应尽量满足以下的规范。

① 双标记成对。

② 标记名和属性最好使用小写。

③ 对于属性需进行设置，且用“”引号括起。

④ 标记出现嵌套时需要严谨层级式的开始、结束。

2．HTML 文件结构

用 Dreamweaver 的新建空白的 html 文件时，会自动形成的如图 3-3 所示的标记代码，这也是 HTML 文件的基本结构。其包含多个标记，各标记的作用如下。

```
<!DOCTYPE html PUBLIC "-//W3C//DTD XHTML 1.0 Transitional//EN" "http://www.w3.org/TR/xhtml1/DTD/xhtml1-transitional.dtd">
<html xmlns="http://www.w3.org/1999/xhtml">
<head>
<meta http-equiv="Content-Type" content="text/html; charset=utf-8" />
<title>无标题文档</title>
</head>

<body>
</body>
</html>
```

图 3-3　HTML 文件结构

（1）声明标记：<!DOCTYPE>

用于声明 DTD（Document Type Definition，文档类型定义）。这个标记需要注意必须是大写的。其书写格式如下：

```
<!DOCTYPE html DTD-type DTD-name DTD-url>
```

【属性】

html：用于提供 DTD 的根元素名称。在 HTML 中所有的控制标记都以 html 为根标记，所以必须是 html。

DTD-type：用于指供 DTD 的制定类型。PUBLIC 是指公用的标准，SYSTEM 是私人制定的。

DTD-name：用于提供 DTD 文件的名称，包含使用的文档规则，浏览器根据此规则解释网页里的标识，打开网页。生成的是 XHTML 1.0 Transitional，而不是 HTML4.0。这里涉及 XHTML，其是严格遵循 XML 语法改进扩充的一个 HTML 版本，是最终用 XML 代替 HTML 的过渡性技术，使用 XHTML 可以更好地遵循 Web 标准将 HTML 与 CSS、JavaScript 融为一体。如果使用的是 HTML 的文档规则，这个部分为 "http://W3C//DTD HTML 4.0//EN"。

DTD-url：用于提供 DTD 规范文件来源的 URL 地址，浏览器在打开网页时会通过此处指定的网址下载 DTD。如果前面的 DTD-name 属性是 HTML 的文档规则，这个部分为 "http://www.w3.org/TR/REC-html40/strict.dtd"。

（2）头部标记：<head></head>

用于设置包含页面标题和页面参数的标记，定义 CSS 样式表及 JavaScript 代码或引用外部文件，<head></head>内的标记只控制页面的性能而不会显示在网页上。其书写格式如下：

```
<head xmlns="URL" >头部标签</head>
```

【属性】

xmlns：用于提供命名空间声明。因为前面在声明标记里说明使用的是 XHMTL，其不能自定义标识，遵循 XML 语法，使用的是 XML 的文档规则，所以是一个唯一的命名空间，属性值为 "http://www.w3.org/1999/xhtml"。

（3）标题标记：<title></title>

用于定义网页的标题，在浏览器最上方的标题栏中显示。一个网页最多一个<title>标记，如果省略<title>标记则显示默认标题。网页的标题应尽量使用直接、概括性的文字。标题一般用来作为搜索引擎搜寻网页的线索。如果无标题，浏览器用文件名或 Untitled(无标题)等字样代替。格式如下：

```
<title>文档标题</title>
```

（4）语言编码标记：<meta>

用于说明一些与文档有关的信息，如文档的作者、关键内容、所用语言等。它会被搜索引擎等程序使用。其书写格式如下：

```
<meta http-equiv="名称/值对" content="文档类型[;编码方式] "/>
```

【属性】

http-equiv：用于提供参数的类型。默认值为 Content-Type（浏览器接收 HTML 文档的类型），也可以为 refresh（网页刷新）等参数值。一般会和 content 一起用，这时 content 提供对应的参数值。

content：用于提供参数的属性。当 http-equiv 的值为 Content-Type，文档类型默认值为 text/HTML，编码方式 charset 的值为 GB2312（中文 2312 编码）、UTF-8（国际编码）等中文编码方式和其他外国语言编码方式。当 http-equiv 的值为 refresh 时，其值为 "秒数;URL=页面 url"，表示每隔指定秒数刷新一个指定 URL 的页面。

name：用于提供搜索的内容名称，一般会和 content 一起用，这时 content 提供对应的搜索内容值。如<meta name="description" content="页面描述文字"/>、<meta name="keywords"

content="搜索内容关键字 1，关键字 2，……"/>、<meta name="author" content=" 网页作者姓名"/> 等。

例 3-1：设置搜索信息及浏览器参数，每 5 秒钟刷新一次当前页面，10 秒钟后自动链接到 qq 网首页面。

```
<!DOCTYPE html PUBLIC "-//W3C//DTD XHTML 1.0 Transitional//EN"
"http://www.w3.org/TR/xhtml1/DTD/xhtml1-transitional.dtd">
<html xmlns="http://www.w3.org/1999/xhtml">
  <head>
    <title>例 3-1</title>
    <meta http-equiv="Content-Type" content="text/HTML; charset=utf-8"/>
    <meta name="windows-Target" content=" _top"/>
    <!--防止网页被其他网页作为 frame 页调用-->
    <meta name="description" content="这是一个有关搜索引擎的页面"/>
    <meta name="keywords" content="计算机,网页设计,HTML,例题"/>
    <meta http-equiv="set-cookie" content="Mon,10 Dec. 2014 00:00:00 GMT" />
    <!--如果网页过期，存盘的 cookie 将被删除-->
    <meta http-equiv="refresh" content="10;URL=http://www.qq.com"/>
  </head>
  <body>
    这是我们写的第一个网页程序。10 秒钟后自动链接到 qq 的首页。
  </body>
</html>
```

运行结果如图 3-4 所示。在以后的例题中，文档中出现的<!DOCTYPE>声明 DTD 的标记因为内容相同，将会省略。

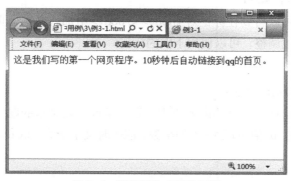

图 3-4　运行例 3-1 后的网页

（5）主体标记：<body></body>

用于定义网页上显示的内容和显示格式，是整个网页的核心。其书写格式如下：

<body background="url" bgcolor="背景颜色" text="文本颜色" link="链接时的颜色" vlink="访问时的颜色" alink="选中时的颜色" >网页内容</body>

【属性】

background：用于设置网页背景图案，其值是某个路径下的图片名。

bgcolor：用于设置网页背景色。其值可以用颜色的英文也可以用"#"加六位十六进制数，前两位是红色，中间两位是绿色，最后两位是蓝色，每位的取值都是 0-9 或 a-f，默认为白色，#ffffff。颜色取值如插图中的图 3 所示。颜色是网站风格和特色确定的重要因素，因此，在本书的最前面也给出了多种颜色的对应取值以供参考。

text：用于设置文本颜色。默认为黑色，#000000。

link：用于设置尚未被访问过的超文本链接的颜色，默认为蓝色。

vlink：用于设置已被访问过的超文本链接的颜色，默认为紫色。

alink：用于设置被鼠标选中但未使用的超文本链接的颜色，默认为红色。

如<body background="1.jpg" text="#ff6600">的运行结果是网站背景图像为 1.jpg，文字颜色为桔色。

（6）注释标记：<!- -和- ->

用于注释部分，注释内容可以有多行，其不会被执行。其书写格式如下：

```
<!- -注释内容- ->
```

（7）基点标记：<base />

用于指定 HTML 文档的基地址，定义其后所有链接的起点。对文档中引用的其他文件的表示形式就可以从这个基点开始。写在<head></head>头部标记中。其书写格式如下：

```
<base href="URL">
```

【属性】

href：用于设置基准 URL。一般网页中需要用路径指明文件来源时默认为网页所在的文件夹，可通过此属性为当前网页中未指定路径的资源文件或超链接文档提供基准 URL 路径，来寻找到资源文件或超链接文档。

3.1.2 网页文本处理

在前面的例题中可以看到在标记对<body></body>中加入文字，页面中显示了对应的内容，对文本进行有效地调整，可以使用下面的标记。

1．文本标记

（1）标题标记：

用于定义标题，让标记之间的内容成为一篇文章或一段文本的题目，以实现加强和突出词组或短语。标记中的 n 值可取 1~6 的整数，取 1 时文字最大，取 6 时最小，默认为<H6>。其书写格式如下：

```
<hn>文字</hn>
```

例 3-2：hn 标记的用法。

```
<html xmlns="http://www.w3.org/1999/xhtml">
  <head>
    <meta http-equiv="Content-Type" content="text/html; charset=utf-8" />
    <title>例 3-2</title>
```

```
    </head>
    <body bgcolor="lightblue">
        <h2 align="center">桃花庵</h2>
        <h3 align="center">桃花坞里桃花庵，</h3>
        <h4 align="center">桃花庵下桃花仙。</h4>
        <h5 align="center">[唐寅]</h5>
    </body>
</html>
```

运行结果如图 3-5 所示。

图 3-5 运行例 3-2 后的网页

（2）分段标记：<p></p>

用于定义一个段落，位于前段的末尾，并使前段与后段之间加一行空白。其书写格式如下：

<p align="对齐方式">要分段的内容</p>

【属性】

align：用于设置段落的位置。取值有 3 种：left（居左）、right（居右）、center（居中），默认为 left。

（3）换行标记：

用于将其后的内容强制换行，位于行的末尾，无结束标记。

（4）水平线标记：<hr/>

用于设置在前、后两个段落之间插入一条水平标尺线。其书写格式如下：

<hr width="长度" size="粗细" align="对齐方式" color="颜色" noshade="noshade" >

【属性】

width：用于设置标尺线的长度，以像素（px）为单位或用百分比的形式。默认 100%。

size：用于设置标尺线的粗细，以像素为单位，默认为 2px。

noshade：用于设置标尺线无阴影。

align：用于设置标尺线的位置。取值同分段标记的 align。

color：用于设置属性控制标尺线的颜色。

例 3-3：p、br、hr 标记的用法。

```
<html xmlns="http://www.w3.org/1999/xhtml">
  <head>
    <meta http-equiv="Content-Type" content="text/html; charset=utf-8" />
```

```
    <title>例3-3</title>
  </head>
  <body bgcolor="lightblue" text="#336699">
    <h2>桃花庵</h2>
    <hr size="2" width="300" align="left" color="pink" />
        桃花坞里桃花庵，<br/>
        桃花庵下桃花仙。
      <p>[唐寅]</p>
  </body>
</html>
```

运行结果如图3-6所示。

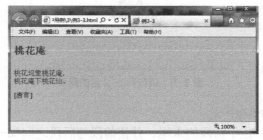

图3-6 运行例3-3后的网页

（5）字体设置标记：<font></font>

用于设置文字的字体，包含设置字体大小、颜色、字体等。其书写格式如下：

```
<font size="大小" color="颜色" face="字体列表">文本</font>
```

【属性】

size：用于设置字体的大小，取值有3种：-N、N和+N，N的值为1~7，默认值是3，值越大字越大。

color：用于设置文本的颜色，取值可以是颜色的英文，也可以是#加6位十六进制数。

face：用于设置为系统中现有的字体，如"楷体_GB2312"。

例3-4：font标记的用法。

```
<html xmlns="http://www.w3.org/1999/xhtml">
  <head>
    <meta http-equiv="Content-Type" content="text/html; charset=utf-8" />
    <title>例3-4</title>
  </head>
  <body text="#0000ff">
    <h2 align="center">
      <font color="orange">桃花庵</font>
    </h2>
    <hr size="2" width="300" color="pink" />
```

```
    <p align="center">
      <font color="#00ff00" face="隶书" size="+2">桃花坞里桃花庵，</font>
      <br /><br />桃花庵下桃花仙。<br /><br />
    </p>
    <hr size="2" width="300" color="pink" />
    <p align="center">
      [<font color="#ff0000" face="楷体">唐寅</font>]
    </p>
  </body>
</html>
```

运行结果如图 3-7 所示。

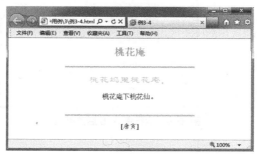

图 3-7　运行例 3-4 后的网页

（6）预定义格式标记：<pre></pre>

用于将文档按预先排好的形式显示出来，但它会忽略分隔和对齐内容的许多空格和换行，也不能插入图片和多媒体元素。其书写格式如下：

```
<pre>文本</pre>
```

例 3-5：pre 标记的用法。

```
<html xmlns="http://www.w3.org/1999/xhtml">
  <head>
    <meta http-equiv="Content-Type" content="text/html; charset=utf-8" />
    <title>例 3-5</title>
  </head>
  <body bgcolor="lightblue">
    <h2 align="center"><font color="orange">桃花庵</font></h2>
    <hr size="2" width="300" color="pink" />
    <p align="center">
     <font color=blue size="+1">
      <pre>
                    桃花坞里桃花庵，
                  桃花庵下桃花仙。
```

```
              ......
     </pre>
     </font>
  </p>
  <hr size="2" width="300" color="pink" />
  <p align="center">[唐寅]</p>
 </body>
</html>
```

运行结果如图 3-8 所示。

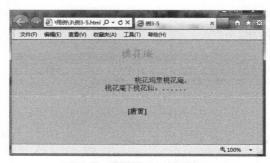

图 3-8   运行例 3-5 后的网页

2．文本修饰标记

（1）加粗标记：<b></b>

用于定义粗体文字。其书写格式如下：

<b>文本</b>

（2）加大标记：<big></big>

用于定义大字体。其书写格式如下：

<big>文本</big>

（3）强调标记：<em></em>

用于定义强调文本。其书写格式如下：

<em>文本</em>

（4）着重强调标记：<strong></strong>

用于定义着重强调文本。其书写格式如下：

<strong>文本</strong>

（5）减小标记：<small></small>

用于定义小字体。其书写格式如下：

<small>文本</small>

（6）斜体标记：<i></i>

用于定义文本变斜。其书写格式如下：

<i>文本</i>

例 3-6：b、i、em 、small 标记的用法。

```
<html xmlns="http://www.w3.org/1999/xhtml">
  <head>
    <meta http-equiv="Content-Type" content="text/html; charset=utf-8" />
    <title>例 3-6</title>
  </head>
  <body bgcolor="lightblue">
    <h2 align="center">
      <font color="orange"><i>桃花庵</i></font>
    </h2>
    <hr size="2" width="300" color="pink" />
    <p align="center">
     <font color="blue">
      <em>桃花坞里桃花庵，</em><br />
      <b>桃花庵下桃花仙。</b>
     </font>
    </p>
    <hr size="2" width="300" color="pink" />
    <p align="center"><small>[唐寅]</small></p>
  </body>
</html>
```

运行结果如图 3-9 所示。

图 3-9　运行例 3-6 后的网页

（7）上标标记：

用于定义文本上标。其书写格式如下：

^{文本}

（8）下标标记：

用于定义文本下标。其书写格式如下：

_{文本}

（9）下划线标记：<u></u>

用于定义文本加下划线。其书写格式如下：

　　　　<u>文本</u>

　　（10）居中标记：

　　用于定义文本内容相对浏览器居中。其书写格式如下：

　　　　文本

　　（11）文字方向标记：<bdo></bdo>

　　用于定义文本文字方向。其书写格式如下：

　　　　<bdo dir="文字方向"></bdo>

　　【属性】

　　dir：用于设置方向。其值有两种，rtl（文字从右向左）和（ltr 文字从左向右）。

　　例 3-7：sub、sup、u、bdo 标记的用法。

```
<html xmlns="http://www.w3.org/1999/xhtml">
  <head>
    <meta http-equiv="Content-Type" content="text/html; charset=utf-8" />
    <title>例3-7</title>
  </head>
  <body bgcolor="lightblue">
    <center>
     <h2>
       <font color="orange">
         <bdo dir="rtl">桃花庵</bdo>
        </font>
      </h2>
      <hr size="2" width="300" color="pink" />
      <p>
        <font color="blue">
          桃花<big>坞</big>里桃花庵，<br /><br />
          桃<sub>花</sub>庵下桃<sup>花</sup>仙。<br /><br />
        </font>
       </p>
      <hr size="2" width="300" color="pink" />
      <p><u>[唐寅]</u></p>
    </center>
  </body>
</html>
```

　　运行结果如图 3-10 所示。

　　（12）缩进标记：<blockquote></blockquote>

　　用于定义文本的缩进 5 个字符。其书写格式如下：

　　　　<blockquote title="隐藏的内容">缩进的文本</blockquote>

图 3-10　运行例 3-7 后的网页

【属性】

title：用于缩进的文本。

（13）地址标记：<address></address>

用于突出显示地址、签名或作者文本，文本会显示为斜体。其书写格式如下：

<address>地址或邮箱文本</address>

例 3-8：缩进与地址标记的用法。

```
<html xmlns="http://www.w3.org/1999/xhtml">
  <head>
    <meta http-equiv="Content-Type" content="text/html; charset=utf-8" />
    <title>例 3-8</title>
  </head>
  <body bgcolor="lightblue">
    <center>
     <h2>
       <font color="orange">桃花庵</font>
      </h2>
      <hr size="2" width="300" color="pink" />
      <p >
       <font color="blue">
         桃花坞里桃花庵，<br />桃花庵下桃花仙。<br />
       </font>
    </p>
    <hr size="2" width="300" color="pink" />
    <blockquote title="作者">[唐寅]</blockquote><br />
    <address>[年代：明代]</address><br/>
  </center>
</body>
</html>
```

运行结果如图 3-11 所示。

图 3-11　运行例 3-8 后的网页

3．特殊字符

当向 HTML 文件的文本中插入一些特殊的文字时，需要插入的一些特殊符号才能使用，常用的字符实体如表 3-1 所示。

表 3-1　常用的特殊字符

特殊字符	描述	字符实体名称	实体编号
空格	空格		&#0160
<	小于	&lt;	&#60
>	大于	&gt;	&#62
&	and	&amp;	&#38
¥	人民币	&yan;	&#165
¢	分	&cent;	&#162
£	英镑	&pound;	&#163
×	乘法	&times;	&#215
÷	除法	&divide;	&#247
§	章节	&sect;	&#167
©	版权	&copy;	&#169
®	注册	&reg;	&#174

例 3-9：特殊字符的用法。

```
<html xmlns="http://www.w3.org/1999/xhtml">
  <head>
    <meta http-equiv="Content-Type" content="text/html; charset=utf-8" />
    <title>例 3-9</title>
  </head>
<body>
  <center>
    <h1>判断正误</h1>
    <p>
      118&gt;62  17&gt;52<br />
```

```
    0011&amp;1001=0011<br />
    1101&amp;1010=1111<br />
  </p>
  <address>版权所有&copy;2013 年</address>
  <address>本站即时更新&reg;技术维护</address>
  </center>
 </body>
</html>
```

运行结果如图 3-12 所示。

图 3-12　运行例 3-9 后的网页

任务实施

1. 启动 Dreamweaver CS6，新建一个 HTML 文件。
2. 在代码窗口中的<body></body>这对标记内输入代码，内容如下：

```
<center>
  <h1>欢迎使用在线自助</h1>
</center>
<hr width="100%" />
<p>    
  <font size="+1">下面的文字可明确服务中心提供的服务</font>:
</p>
<p><br />
        您可以点击左边服务中心栏目里的
链接获得您的帮助信息；您也可以直接在问题搜索内输入内容，立即获得帮助；如果您在服务心没有找
到您需要的信息，请的在线服务中的在线留言处提交问题，我们的客服人员会在 2 个工作日内给您答
复；您也可以拨打我们的<strong>客户服务电话</strong>获得帮助:
</p>
<p>        
  <font color="#f60">0731-8823133</font><br />
          
```

```
<font color="#f60">0731-8823166</font>
</p>
```

3. 在文件菜单中选择保存后，找到你想要保存的文件路径，保存为 help.html 文件后，运行查看网页效果并进行适当的修改和调试。

任务 3.2 站内地图页面设计

任务描述

在网页浏览过程中能快速地找到本网站提供的具体信息是网站的必要功能，这通常需要网站提供出内容明确、层次分明的结构（如目录、索引等），让浏览者能清楚地看到信息的排序关系和信息的相对关系，从而找到需要获取的信息。对于这样的层次关系的描述，在网页设计环节，最好的方式是通过列表的形式来实现，再然后通过链接转到要查找的信息页面上去。

本任务通过对列表标记、超链接标记的掌握，编写 HTML 源代码设计网页，产生如图 3-13 所示的网页效果。网页可通过单击站点栏目及其子栏目文字可进入对应的栏目页面。

图 3-13 任务实现效果

知识引入

3.2.1 列表创建

列表作为一种能定义顺序、体现层次结构并说明信息相对重要性的对象经常被使用在网页设计中，特别是在对多层次关系描述时，这些列表也可以通过嵌套来实现。

1. 普通列表

（1）普通列表标记：<dl></dl>

用于定义一个无编号、无符号的列表。其书写格式如下：

```
<dl>
 <dt>文本
   <dd>文本</dd><dd>文本</dd> …
```

```
    </dt>
    <dt>文本
     <dd>文本</dd><dd>文本</dd> …
    </dt>
    …
  </dl>
```

（2）列表项标记：<dt></dt>

用于定义列表中的上层项目。其书写格式如下：

```
<dt>文本</dt>
```

（3）列表项标记：<dd></dd>

用于定义大字体列表中的下层项目。其书写格式如下：

```
<dd>文本</dd>
```

2．有序列表

（1）有序列表标记：<ol></ol>

用于创建一个标有编号的列表。其书写格式如下：

```
<ol [type="编号类型" start="编号起始值"]>文本</ol>
```

【属性】

type：用于改变有序列表中的序号种类，作用范围为整个列表。取值共 5 种："1"（数字，默认）、"A"（大写字母）、"a"（小写字母）、"I"（大写罗马字母）、"i"（小写罗马字母）。

start：用于设置编号的起始值。可以从任意数字开始。

（2）列表项标记：<li></li>

用于定义列表中的一个列表项。其书写格式如下：

```
<li type="编号类型" >文本</li>
```

【属性】

type：用于改变有序列表中某一个列表项的序号种类。取值同上，但作用范围是当前项（行）。

例 3-10：建立一个数字排序的有序列表，此序列项中要嵌套两个有序列表，并对列表项选用小写罗马字母和大写字母排序。

```
<html xmlns="http://www.w3.org/1999/xhtml">
  <head>
    <title>例 3-10</title>
    <meta http-equiv="Content-Type" content="text/html; charset= utf-8" />
  </head>
  <body bgcolor="#ddeeff">
    <ol>
    <li>课前预习</li>
    <li>上课</li>
```

```
      <li>课后复习
       <ol type="i">
         <li>理论重点</li>
         <li>任务实施代码</li>
       </ol>
      </li>
      <li>作业
       <ol type="A">
        <li>网页设计 3 单元习题</li>
        <li>网站局部设计</li>
       </ol>
      </li>
     </ol>
  </body>
</html>
```

运行结果如图 3-14 所示。

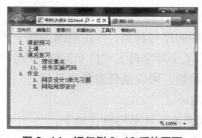

图 3-14 运行例 3-10 后的网页

3．无序列表

（1）无序列表标记：<ul></ul>

用于定义一个无序列表。其书写格式如下：

<ul [type="项目符号"]>文本</ul>

【属性】

type：用于改变无序列表中的项目符号。共 3 种："disc"（实心圆点，默认）、 "circle"（空心圆点）、"square"（实心方块）。

（2）列表项标记：<li></li>

用于定义列表中的一个列表项。其书写格式如下：

<li type="编号类型" >文本</li>

【属性】

type：用于改变无序列表中某一个列表项的序号种类，取值同上。

例 3-11：建立一个按空心圆为项目符号的无序列表，此无序列表中要嵌套一个无序列表，并对列表项选用不同的项目符号。

```html
<html xmlns="http://www.w3.org/1999/xhtml">
  <head>
    <title>例 3-11</title>
    <meta http-equiv="Content-Type" content="text/html; charset= utf-8" />
  </head>
<body bgcolor="#ddeeff">
    <h3><i>所过知识</i></h3>
    <ul type="circle">
     <li>文字</li>
     <li type="disc">列表
      <ul>
       <li type="square">有序</li>
       <li>无序</li>
      </ul>
     </li>
     <li>链接</li>
    </ul>
  </body>
</html>
```

运行结果如图 3-15 所示。

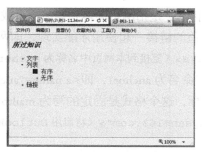

图 3-15　运行例 3-11 后的网页

3.2.2　超级链接

1．超级链接

在浏览网页时，经常需要通过鼠标单击某些文字或图像找到目标块，即要打开和找到的详细内容或文件、网页，这称为超级链接。这种超级链接在 HTML 中是一个最强大和最有价值的功能，可以提高网页浏览的灵活性和网络性，使用户更方便地寻找到资源上传或下载文件、发送邮件、在线视频等，因而得到了广泛的应用。

超级链接按链接的对象的不同分为文档链接、锚点链接、图像链接、邮件链接。此处指出的是文档、锚点和邮件链接，图像的链接在 3.3.2 小节中说明。当链接的文本或图像锚定到另一个页面时，会发现页面的跳转，称为文档链接；当链接的文本或图像锚定到当前页面的某个锚点时，会发生跳转到的指定点的内容显示在当前屏幕上，称为锚点链接。

2．超链接标记<a></a>

用于实现在一个页面和另一个跳转内容之间建立链接。其书写格式如下：

<a href="目标位置" target="打开方式" name="书签名称">文本或图片</a>

【属性】

href：用于指定链接文档的 URL、锚点或是邮件。href 的取值有 3 种：URL（路径）、锚点和邮件位置，也是很重要的部分。

① URL：是指跳转页面的唯一路径，分为绝对路径和相对路径。

绝对路径：指目标文件的完整的 URL 地址，也是文件的精确位置，其包括传输协议。如：

<a href="http://www.hniu.com">湖南信息职业技术学院</a>（链接湖南信息职业技术学院网址）

<a href="c:/xxx.html">（链接 C 盘下文件名为 xxx 的网页）

相对路径：指当前文件所在位置为起点到目标文件所经过的路径。其若链接同一目录内的文件（默认路径），属性值可直接写出"xxx.html"网页文件名；若链接下一级目录内的文件，属性值需要写为"目录名/xxx.html"；若链接上一级目录内的文件，属性值需要写为"../xxx.html"；若链接平级目录内的文件，属性值需要写为"../目录名/xxx.html"；若链接网站根目录中的文件，属性值需要写为"/xx.html"。如：

<a href="例 3-12.html">第三章用例</a>（链接文件所在同一文件夹下例 3-12.html）

<a href="../上机效果/3-12.html">第三章用例</a>（链接文件所在文件夹的平级文件夹上机效果文件夹中的 3-12.html）

② 锚点：也可看成为是标签，是指网页跳转到当前网页或另一网页的目标位置。其需要和在同一网页中有 name 属性值的链接一起使用才能实现，即两个值要相等。如：

<a href="#anchor1"></a>（链接到本网页中名称为 anchor1 的位置并在当前屏幕中显示）

这时同网页中另一位置需命名为 anchor1，即<a name="anchor1"></a>

③ 邮件：邮件发送的目标，这个格式是固定的写为 mailto:邮箱名。如：

<a href="mailto:zhangsan@163.com">（将启用 Outlook 来发送邮件，发送的邮件目标位置是 zhangsan@163.com）

target：用于设置链接被单击后打开窗口的方式或目标位置。其值有 3 种：_blank（默认，在新窗口打开链接的目标页面）、_parent（在链接的父窗口打开链接的目标页面）、_self（在本窗口打开链接的目标页面）。

name：用于定位一个目标位置，也是对这个目标位置做一个记号，可称为书签。在使用时需要和有 href 属性的链接一起使用。如：

<a href="例 3-4.html #anchor1"></a>（链接到例 3-4.html 中名称为 anchor1 的位置并在当前屏幕中显示）

例 3-4.html 需要有一个命名为 anchor1 的书签，即<a name="anchor1"></a>。

例 3-12：在网页中加入文字类的文档链接。单击上一题后能在另一窗口打开例 3-11，单击下一题后能在本窗口打开例 3-13。

```html
<html xmlns="http://www.w3.org/1999/xhtml">
  <head>
    <meta http-equiv="Content-Type" content="text/html; charset= utf-8" />
    <title>例3-12</title>
  </head>
  <body bgcolor="lightblue" text="#0000ff">
    <h1>超链接练习</h1>
    <hr size="1" color="#336699">
        <a href="例3-11.html" target="_blank">上一题</a>
        <a href="例3-13.html" target="_self">下一题</a>
  </body>
</html>
```

运行结果如图 3-16 所示。

图 3-16　运行例 3-12 后的网页

任务实施

1. 启动 Dreamweaver CS6，新建一个 HTML 文件。
2. 在代码窗口中的<body></body>这对标记内输入代码实现锚点链接，内容如下所示。

```html
<h2>网站主要包含档目：</h2>
<ul style="list-style-type:none">
  <li>
    <a name="7"><a href="#1">新闻中心</a></a>
          
    <a href="#2">人才招聘</a>      
    <a href="#3">企业关注</a>      
    <a href="#4">产品中心</a>      
    <a href="#5">服务中心</a>      
    <a href="#6">其他</a>
  </li>
</ul>
<h2><a name="1">新闻中心</a></h2>
```

```html
<ul style="list-style-type:none">
  <li>媒体报道      企业新闻
          市场资讯
  </li>
</ul>
<ul style="list-style-type:none">
  <li><a href="#7">返回顶部</a></li>
</ul>
<h2><a name="2">人才招聘</a></h2>
<ul style="list-style-type:none">
  <li>招聘岗位     在线招聘</li>
</ul>
<ul style="list-style-type:none">
  <li><a href="#7">返回顶部</a></li>
</ul>
<h2><a name="3">企业关注</a></h2>
<ul style="list-style-type:none">
  <li>企业介绍       企业文化
                  企业发展
                  企业荣誉
  </li>
</ul>
<ul style="list-style-type:none">
<li><a href="#7">返回顶部</a></li>
</ul>
<h2><a name="4">产品中心</a></h2>
<ul style="list-style-type:none">
    <li>最新产品     热点产品
             提供产品
    </li>
    <li>
    <ul style="list-style-type:none">
      <li>热点产品有：      特色产品
                      热点品牌
      </li>
    </ul>
  </li>
</ul>
```

```html
<ul style="list-style-type:none">
   <li><a href="#7">返回顶部</a></li>
</ul>
<h2><a name="5">服务中心</a></h2>
  <ul style="list-style-type:none">
    <li>服务资讯       在线订单
                    在线服务
    </li>
    <li>
      <ul style="list-style-type:none">
        <li>在线服务有：      常见问题
                        邮件回复
                         在线留言
                        企业调查
        </li>
      </ul>
    </li>
</ul>
<ul style="list-style-type:none">
<li><a href="#7">返回顶部</a></li>
</ul>
<h2><a name="6">其他</a></h2>
<ul style="list-style-type:none">
    <li>资料下载      销售网络
                    合作伙伴
                    网上投票
                    广告服务
                    联系我们
                    用户注册
    </li>
</ul>
<ul style="list-style-type:none">
   <li><a href="#7" >返回顶部</a></li>
</ul>
</ul>
```

3. 在文件菜单中选择保存后，找到你想要保存的文件路径，保存为 map.html 文件后，运行查看网页效果并进行适当的修改和调试。

任务 3.3 产品展示页面设计

任务描述

在网页设计中，除了加入文字外，必不可少的需要加入图像来充实页面，使网页得以美化，并更具有吸引力。同时，让图像动起来，通过图像的链接实现页面跳转，采用图像实现对应的导航功能，会让网页变得更美观生动、充实活力。

本任务通过对图像标记、滚动标记的掌握，编写 HTML 源代码设计网页，产生如图 3-17 所示的网页效果，实现"产品展示"标题文字跳动，同时企业产品按循环滚动的方式进行展示，选择其中的一类产品可获得相关的信息展示。

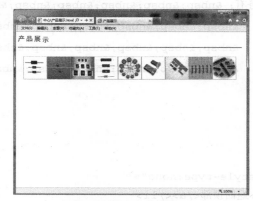

图 3-17 任务实现效果

知识引入

3.3.1 图像处理

1．图像标记<img></img>

用于实现将一张图片加入到网页中。其书写格式如下：

<img src="url" alt="文本" border="粗线" align="水平对齐方式" valign="垂直对齐方式" width="值" height="值" usemap="#热点"><img>

【属性】

src：用于指定路径（URL）下的图像的文件名。这个路径可以是绝对路径或相对路径，因为在前面的链接中也提到过 URL 的给定，因而在此处忽略，一般在网上的图片可用绝对路径，而默认图像的路径为网页所在的相对路径。图像的文件扩展名为 gif、jpg、png 类型。

alt：用于设置图像文本性说明。一般是在不能显示图像的浏览器或浏览器显示图像时间太长时先显示此文字内容。

border：用于设置图像的边框。其值是大于或等于 0 的像素值，默认为 1px，如果图像不要边框时 border="0px"。

align：用于设置图像与文本在一起时，图像相对于文字在水平方向的位置。其值可以有 3

种：left(图像居左边)、right(图像居右边)和 center（图像居中间）。

valign：用于设置图像与文本在一起时，图像相对于文字在垂直方向的位置。其值可以有 3 种：top(图像与文本顶对齐)、middle(图像与文本中央对齐)和 bottom(图像与文本底边对齐，默认)。

width：用于设置图像显示时的宽度。默认单位为像素，其值默认原图像的宽度。

height：用于设置图像显示时的高度。默认单位为像素，其值默认原图像的高度。

usemap：用于设置图像将会使用的图像地图，和标记<map>、<area>一起使用才能实现图像的热点链接。

例 3-13：在网页中加入文字和两张图像，分别实现文字与图像垂直方向中央对齐和图像水平方向右对齐。

```
<html xmlns="http://www.w3.org/1999/xhtml">
  <head>
    <title>例 3-13</title>
    <meta http-equiv="Content-Type" content="text/html; charset=utf-8" />
  </head>
  <body>
    <h2 align="center">图文混排</h2>
    <hr size="1" color="#336699">文字与图像垂直方向中央对齐
    <img src="imgs/1.jpg" width="135" height="75" align="middle" />
    <p>
      <hr size="1" color="pink">图像水平方向右对齐
      <a href="例 3-14.html">
        <img src="imgs/1.jpg" width="75" height="75" align="right" border="3">
      </a>
    </p>
  </body>
</html>
```

运行结果如图 3-18 所示。

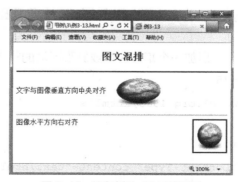

图 3-18　运行例 3-13 后的网页

2．图像链接

网页可通过图像链接来找到需要寻找的资源，方法很简单，在前面提到的链接标记中加入图像标记即可。如：<a href="url"><img src="url"></a>，能实现单击一张图像跳转到另一网页。

3.3.2 热点链接

在浏览的网页中，经常会需要通过不同的省份找到其下城市的信息，这就需要将将一张省份的图片分成若干个区域，这些区域成为图片中的多个热点，然后再产生的链接，这种链接称为图像的热点链接。其有别于图像的超级链接，图像的超链接是针对整张图片而言的，热点链接则是针对一张图片中某个不同形状的区域而完成的图像热点映射。热点链接可用于对人体图片的某一部位进行链接或对地图上不同国家产生链接等，是应用较广的一种链接方式。要实现图像的热点链接需要标记<map>、<area>和<img>中的属性 usemap 一起使用。

1．图像映射标记<map></map>

用于定义客户端的图像热点映射。其书写格式如下：

```
<map name="名字">文本</map>
```

【属性】

name：用于指定唯一的映射名称。当其与 img 标记中的 usemap 的值相同时，图片才能实现热点链接。

2．热点区域标记<area/>

用于定义图像热点映射中的热点区域。其与<map>标记一起使用。其书写格式如下：

```
<area shape="形状" coordes="坐标" href="URL" target="显示窗口"/>
```

【属性】

href：用于设置链接的目标地址。其取值同于超链接标记。

target：用于设置链接被单击后打开窗口的方式或目标位置。其值有 3 种，前面已说明。

shape：用于设置链接的热点区域形状。其值有 3 种：rect（矩形区域）、poly（多边形区域）和 circle（圆形区域）。

coordes：用于设置热点区域的坐标值，坐标的原点位于图像的左上角顶点（0,0）。如果是矩形区域，其值为 x1,y1,x2,y2（x1,y1 为左上角坐标，x2,y2 为右下角坐标）；如果是多边形区域，其值为 x1,y1,x2,y2,x3,y3,...（为多边形各顶点坐标）；如果是圆形区域，其值为 x,y,r（x,y 为圆心坐标，r 为圆心半径）。

例 3-14：在两张图像上分别加一个矩形区域或圆形区域的热点链接，实现单击这两个链接能跳转到例 3-13 和例 3-15。

```
<html xmlns="http://www.w3.org/1999/xhtml">
  <head>
    <title>例 3-14</title>
    <meta http-equiv="Content-Type" content="text/html; charset=utf-8" />
  </head>
```

```
    <body>
      <h2>热点链接</h2>
      <hr size="1" color="#336699">
      <img src="imgs/1.jpg" width="135px" border="0" height="100px"
usemap="#mymap1">
        <map name="mymap1">
          <area shape="rect" coords="41,14,101,84" href="例3-13.html">
        </map>
        <p>
        <hr size="1" color="#336699">
        <img src="imgs/1.jpg" width="135px" height="100px" usemap="#mymap2">
          <map name="mymap2">
            <area shape="circle" coords="70,49,40" href="例3-15.html">
          </map>
        </p>
    </body>
</html>
```

运行结果如图 3-19 所示。

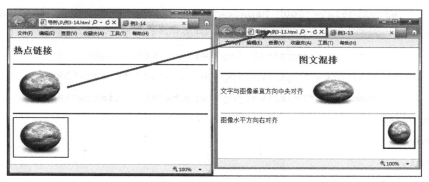

图 3-19　运行例 3-14 后的网页

3.3.3　图像滚动

1. 滚动标记<marquee></marquee>

用于控制文字或图像移动，实现让文本和图像动起来。其书写格式如下：

<marquee direction="方向" behavior="方式" loop="次数" width="宽度" height="高度" bgcolor="颜色" scrollamount="快慢" scrolldelay="延时">滚动内容</marquee>

【属性】

direction: 用于设置移动方向。其值有 4 种："left"（向左移，默认）、"righ"（向右移）、"up"（向上移）、"down"（向下移）。

behavior: 用于设置移动方式。其值有 3 种："scroll"(循环移动)、"slide"(只走一圈)、

"alternate" (来回移动)。

    loop：用于设置循环次数。默认为无限次循环。

    scrollamount：用于设置移动的快慢，数值越大移动越快。

    scrolldelay：用于设置每移动一步之后的延时，单位是毫秒，1000 毫秒为 1 秒。

    height：用于设置移动区域的高，单位像素。放在单元格中则受单元格控制。

    width：设置移动区域的宽，单位像素。

    bgcolor：设置移动区域的背景色。

    例 3-15：将 tu1～tu4 这 4 张图片左右循环移动 3 次，每移动一步延时 0.5 秒，并将滚动的屏幕的宽、高度和背景进行设置。

```html
<html xmlns="http://www.w3.org/1999/xhtml">
  <head>
    <title>例 3-15</title>
    <meta http-equiv="Content-Type" content="text/html; charset=utf-8" />
  </head>
  <body>
  <h2>滚动练习</h2>
  <hr size="1" color="pink">
  <marquee behavior="alternate " direction="left" width="90%" height="120px"
        scrolldelay="500" hspace="20px" loop="3" bgcolor="#336699">
          <img src="imgs/tu1.jpg" width="58" height="58">
          <img src="imgs/tu2.jpg" width="58" height="58">
          <img src="imgs/tu3.jpg" width="58" height="58">
          <img src="imgs/tu4.jpg" width="58" height="58">
  </marquee>
  </body>
  </html>
```

运行结果如图 3-20 所示。

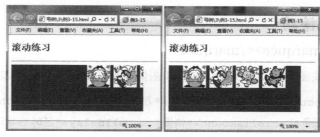

图 3-20　运行例 3-15 后的网页

任务实施

1. 启动 Dreamweaver CS6，新建一个 HTML 文件。

2. 在代码窗口中的\<body>\</body>这对标记内输入代码，内容如下所示。

```
<marquee behavior="alternate" direction="up" height="20px"
scrolldelay="300">
  <font size="+1" weight="bolder" face="黑体">产</font>
</marquee>
<marquee behavior="alternate" direction="down" height="20px"
scrolldelay="200">
  <font size="+1" weight="bolder" face="黑体">品</font>
</marquee>
<marquee behavior="alternate" direction="up" height="20px"
scrolldelay="400">
  <font size="+1" weight="bolder" face="黑体">展</font>
</marquee>
<marquee behavior="alternate" direction="down" height="20px"
scrolldelay="300">
  <font size="+1" weight="bolder" face="黑体">示</font>
</marquee>
<hr color="#336699">
<marquee align="middle" behavior="scroll" direction="left"
scrolldelay="100">
  <img src="img/dz1.jpg" width="90px" height="100px" border="0"
  usemap="#mymap1">
  <map name="mymap1">
    <area shape="rect" coords="40,40,70,70" href="a.htm"/>
  </map>
<img src="img/dz2.jpg" width="90px" height="100px" border="0"
usemap="#mymap2">
  <map name="mymap2">
    <area shape="rect" coords="40,40,70,70" href="b.htm"/>
  </map>
<img src="img/dz3.jpg" width="90px" height="100px" border="0"
usemap="#mymap3">
  <map name="mymap3">
    <area shape="rect" coords="40,40,70,70" href="c.htm"/>
  </map>
<img src="img/dz3.jpg" width="90px" height="100px" border="0"
usemap="#mymap4">
  <map name="mymap4">
```

```
      <area shape="rect" coords="40,40,70,70" href="d.htm"/>
    </map>
  <img src="img/dz5.jpg" width="90px" height="100px" border="0"
  usemap="#mymap5">
    <map name="mymap5">
      <area shape="rect" coords="40,40,70,70" href="e.htm"/>
    </map>
  <img src="img/dz6.jpg" width="90px" height="100px" border="0"
  usemap="#mymap6">
    <map name="mymap6">
      <area shape="rect" coords="40,37,70,67" href="f.htm"/>
    </map>
  <img src="img/dz7.jpg" width="90px" height="100px" border="0"
  usemap="#mymap7">
    <map name="mymap7">
      <area shape="rect" coords="40,40,70,70" href="g.htm"/>
    </map>
  <img src="img/dz8.jpg" width="90px" height="100px" border="0"
  usemap="#mymap8">
    <map name="mymap8">
      <area shape="rect" coords="40,40,70,70" href="i.htm"/>
    </map>
  <img src="img/dz9.jpg" width="90px" height="100px" border="0"
  usemap="#mymap9">
    <map name="mymap9">
      <area shape="rect" coords="40,40,70,70" href="j.htm"/>
    </map>
</marquee>
```

3. 在文件菜单中选择保存后，找到你想要保存的文件路径，保存为 show.html 文件后，运行查看网页效果并进行适当的修改和调试。

任务 3.4　注册页面的设计

任务描述

在网页中除了可以提供资源给用户共享外，也存在着需要用户自己填写的内容或是操作的部分，这些信息可以与网站的服务器之间产生发送与接收的关系，实现交互的目标。常见的收集并发送用户信息的页面有：用户验证、用户注册、用户留言、信息发布、在线购物等，这些页面依靠服务器端的应用程序来实现特定的任务。

本任务通过对表单标记及其下的控件标记的掌握，编写 HTML 源代码设计网页，产生如图 3-21 所示的网页效果，提供一个可以填写个人信息的网页平台，并可以选择个人的图片，以方便完整注册信息的上传。

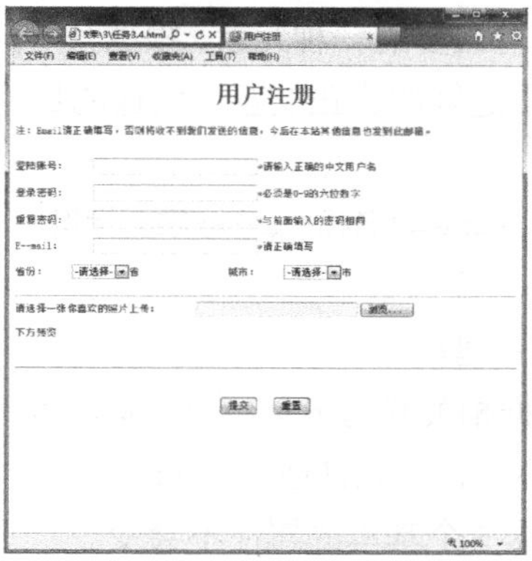

图 3-21　任务实现效果

知识引入

3.4.1　表单对象

表单元素是可将客户端用户输入或选择的信息提交到服务器上的应用程序中去处理的对象。

1．创建表单标记<form></form>

用于定义创建一个表单时开始和结束位置。所有的表单元素都嵌套在<form>和</form>之间。其书写格式如下：

```
<form action="URL/mailto:Email" method="方式" target="目标窗口" title="描述" enctype="编码" name="名称" id="唯一标识">。
```

【属性】

action：用于指定服务器程序的 URL 或是接收数据的 E-mail 邮箱地址，该服务器完成接收和处理浏览器递交的表单内容。如其值为 www.hniu.com/user.aspx,当用户提交表单时，服务器将执行 www.hniu.com 的 user.aspx 程序。

method：用于定义浏览器将表单中的信息提交给服务器的处理程序的方式。其值有两种：get（将表单信息提交到由 action 属性指定的 URL 中之后发送，为默认值）和 post（将信息封装在表单的特定对象中发送），用户将信息存储到数据库时，则为 post 值。

target：用于指定服务器返回结果显示的目标窗口。其值有 5 种：blank（显示在没有框架的新 Web 浏览器窗口中）、parent（显示在当前框架的父框架集或父窗口中）、self（显示在当前框架或窗口）、top（显示在没有框架的全屏窗口）、search（显示在搜索窗格中）。

title：用于设置鼠标停留时显示的表单的文本或描述。

enctype：用于设置将表单的数据传给 www 服务器时浏览器使用的编码方法。表单数据按指定的编码方式传到服务器。

name：用于设置要引用表单对象时对象的名称。

id：用于设置要引用表单对象时对象的唯一标识。

3.4.2 input 元素

input 元素是表单元素中用得最多的一种元素，根据其 type 属性的取值不同可输入提交不同的数据，达到客户端与服务器之间的真正交互、沟通的目的。这个标记是<input>标记。其书写格式如下：

```
<input type="控件类型" name="名称" id="唯一标识" >
```

【属性】

type：用于设置元素的控件类型。

name：用于设定与输入数据相关联的名称，可允许不同的 input 元素有相同的 name 值。

id：用于设置控件的唯一标识，不允许取相同 id 号。

不管控件类型如何变化，这 3 个基本的属性不会变。

1．文本框 type= " text "

用于定义单行简短文本输入。其书写格式如下：

```
<input type="text" name="名称" id="唯一标识" [size="长短" value="初始值"
maxlength="最大长度" readonly="只读" disabled="可控"] >
```

【属性】

size：用于设置文本输入区域的宽度。以字符个数为单位，默认 20 个字符宽度。

value：用于设置网页第一次显示时控件中显示的文本内容。

maxlength：用于设置用户最大能够输入的字符串长度。

readonly：用于设置控件中输入区域的值不能改，只能读。不设此属性时默认可输入。

disabled：用于设置控件不能获得焦点，不能改变控件的值。其值为 disabled，不可输入，不可控。不设此属性时默认控件可控。

2．密码框 type="password"

用于定义一个密码输入区域。输入的内容自动将字符显示成圆点。其书写格式如下：

```
<input type="password" name="名称" id="唯一标识" [size="长短" value="初始值
" maxlength="最大长度" readonly="只读" disabled="不可控"] >
```

【属性】

与文本框属性相同，此处略。

3．隐藏条目 type="hidden"

用于定义一个隐藏的表单字段元素。但当用户提交表单时，控件域的 name 值与 value 值会自动发送到服务器。没有可视化的外观，常被服务器端的程序用于保存表单提交时返回给它们的状态信息，在客户端一般不使用。其书写格式如下：

```
<input type="hidden" name="名称" id="唯一标识">
```

【属性】

属性前面已述，此处略

例 3-16：建立一个输入姓名和密码并可提交的网页。

```html
<html xmlns="http://www.w3.org/1999/xhtml">
  <head>
    <title>例 3-16</title>
    <meta http-equiv="Content-Type" content="text/html; charset=utf-8" />
  </head>
  <body>
    <h2>用户登录</h2>
    <hr size="1" color="pink">
    <form name="myform">
      姓名：<input type="text" name="text1" size="20" maxlength="25" >
      <p>
        密码：<input type="password" name="psw1" size="20" maxlength="25" >
      </p>
    </form>
  </body>
</html>
```

运行结果如图 3-22 所示。

图 3-22　运行例 3-16 后的网页

4．复选框 type="checkbox"

用于定义一个复选框，在同一组（name="相同值"）复选框里即可多选。其书写格式如下：

```html
<input type="checkbox" name="名称" id="唯一标识" value="提交值" disabled="不可控" checked="checked">
```

【属性】

checked：用于设置第一次加载时控件被选中。不设此属性默认为不选中。

5．单选按钮 type="radio"

用于定义一个单选按钮。在同一组单选按钮中只能选中一个。其书写格式如下：

```html
<input type="radio" name="名称" id="唯一标识" value="提交值" disabled="不可控" checked="checked">
```

【属性】

同复选框相同，此处略。

6. 提交按钮 type="submit"

用于定义一个提交按钮，默认提交表单。其书写格式如下：

```
<input type="submit" name="名称" id="唯一标识" value="显示文本" size="显示宽度" disabled="不可控" >
```

【属性】

各属性前面有述，此处略。

7. 重置按钮 type="reset"

用于定义一个可使所有表单元素被重新填写的按钮。默认将表单内所有元素恢复到默认值。其书写格式如下：

```
<input type="reset" name="名称" id="唯一标识" value="显示文本" size="显示宽度" disabled="不可控" >
```

【属性】

各属性前面有述，此处略。

8. 自定义按钮 type="button"

用于定义一个普通类型的按钮。通常会与脚本程序代码相关联，执行对应的处理，实现自定义的功能，如：单击按钮实现数据刷新的处理。其书写格式如下：

```
<input type="button" name="名称" id="唯一标识" value="显示文本" size="显示宽度" disabled="不可控">
```

【属性】

各属性前面有述，此处略。

9. 图像按钮 type="image"

用于定义一个图像元素，可以代替提交按钮上传信息给服务器。其书写格式如下：

```
<input type="image" name="名称" id="唯一标识" src="URL" border="宽度" alt="替代文本" width="宽度" height="高度">
```

【属性】

与图像标识的属性基本相同，略。

10. 文件域 type="file"

用于定义一个带浏览按钮的文本框，可以直接在文本框内输入包括存储路径的文件名，获取要上传的文件。也可以单击浏览按钮后在计算机上查找要上传的文件。其书写格式如下：

```
<input type="file" name="名称" id="唯一标识" size="显示宽度" disabled="不可控" accept="文件 MIME 类型列表">
```

【属性】

accept：用于设置上传文件的 MIME 类型列表，如果是多种类型，使用逗号隔开，如 accept="imgs/gif,imgs/jpg"或 accept="imgs/*"。

例 3-17：建立一个根据选择的情况来提交个人信息的网页。

```
<html xmlns="http://www.w3.org/1999/xhtml">
  <head>
    <title>例 3-17</title>
    <meta http-equiv="Content-Type" content="text/html; charset=utf-8" />
  </head>
  <body>
    <h2>按钮练习</h2>
    <hr size="1" color="pink">
    <form name="myform"><br />
      <b>请选择您学习的方式</b><br />
      <input type="radio" name="rd1" value="在读">在读
      <input type="radio" name=" rd1" checked="checked" value="走读">走读
      <input type="radio" name=" rd1" value="函授">函授<br /><br />
      <b>请选择您所要学习的课程</b><br />
      <input type="checkbox" value="yes" name="ck1" checked="checked">HTML<br />
      <input type="checkbox" value="yes" name="ck2">CSS<br />
      <input type="checkbox" value="yes" name="ck3">JavaScript<br /><br />
      <b>您的选择是</b><br />
      <input  type="text" name="textfield" id="textfield" value="" size="33"
maxlength="35" readonly="readonly" /><br />
      <input type="button" name="bt1" value="提交">
      <input type="reset" name="bt2" value="重置">
    </form>
  </body>
</html>
```

运行结果如图 3-23 所示。

图 3-23 运行例 3-17 后的网页

3.4.3 其他元素

1. 列表元素<select></select >

用于定义一个下拉菜单或者选项列表。其书写格式如下：

```
<select name="名称" size="选项数" multiple="滚动方式" disabled="不可控">
        <option selected="选中否">选项</option>

            ......
</select>
```

【属性】

size：用于设置列表中可见的选择项数，也指定滚动或下拉列表类型。其值默认为 1，创建下拉列表；其值大于 1 时，创建滚动列表。

multiple：用于设置是否可多选。在 size 取值大于 1 时才有用。值为 multiple 时创建滚动列表，按下 Ctrl 键可以选多项。默认是单选。

selected：用于在 option 选项标记中，使得网页初次加载时对应选项被选中。

2．文本区域元素 <textarea></textarea>

用于定义一个可以输入多行文本的文本区。其书写格式如下：

```
<textarea name="名称" id="唯一标识" rows="行数" cols="列数" wrap="换行模式"
readonly="只读" disabled="不可见" ></textarea>
```

【属性】

rows：用于设置文本区显示的行数。默认为 2 行字符。

cols：用于设置文本区显示的列数。默认为 24 个字符。

wrap：用于设置文本的换行模式。其值有 3 种：virtual（自动换行，默认）、physical（自动换行，且在提交表单时将换行符上传给服务器）和 off（用户自己控制）。

3．标签元素

用于定义一个标签或标注。其书写格式如下：

```
<label id="唯一标识" for="控件id"></label>
```

【属性】

for：用于设置作用于表单字段元素的快捷键，即将标签绑定到指定的 ID 表单控件上。

例 3-18：建立一个选择个人喜好的网页。

```
<html xmlns="http://www.w3.org/1999/xhtml">
  <head>
    <title>例3-18</title>
    <meta http-equiv="Content-Type" content="text/html; charset=utf-8" />
  </head>
  <body>
    <h2>列表练习</h2>
    <hr size="1" color="pink">
    <form name="myform"><br />
      <h2>请选择你喜欢的季节：</h2>
      <select name="season">
        <option>春</option>
```

```
        <option>夏</option>
        <option>秋</option>
        <option>冬</option>
    </select>
    <br /><br />
    <h2>请选择你喜欢的水果：</h2>
    <select name="fruit" size="4" multiple="multiple">
        <option value="苹果">苹果</option>
        <option value="香蕉">香蕉</option>
        <option value="西瓜">西瓜</option>
        <option value="桔子">桔子</option>
        <option value="桃子">桃子</option>
    </select><br />
    <h2>你喜欢的颜色是：</h2> <br />
    <label for="red">red</label>
    <input type="radio" name="likecolor" id="red" />
    <label for="yellow">yellow</label>
    <input type="radio" name="likecolor" id="yellow" />
    <label for="blue">blue</label>
    <input type="radio" name="likecolor" id="blue" />
    <label for="green">yellow</label>
    <input type="radio" name="likecolor" id="green" />
    <h2>你喜欢的运动是：</h2>
    <textarea name="comment" rows="4" cols="50"></textarea><br />
    <input type="button" name="ok" value="提交">
    <input type="reset" name="re-input" value="重选">
    </form>
  </body>
</html>
```

运行结果如图 3-24 所示。

图 3-24　运行例 3-18 后的网页

任务实施

1. 启动 Dreamweaver CS6，新建一个 HTML 文件。
2. 在代码窗口中的<body></body>这对标记内输入代码，内容如下所示。

```
<h1 align="center">用户注册</h1>
<font size="-1" face="新宋体">
 <font color="#CC3300">注：</font>
  Email 请正确填写，否则将收不到我们发送的信息，今后在本站其他信息也发到此邮箱。<br
/><br />
 </font>
<form>
 <p>登陆账号：     <input type="text" size="30" />
 <font color="#CC0000">*</font>请输入正确的中文用户名
 </p>
 <p>登录密码：      <input type="password" size="31"/>
 <font color="#CC0000">*</font>必须是 0～9 的六位数字
 </p>
 <p>重复密码：     <input type="password" size="31"/>
 <font color="#CC0000">*</font>与前面输入的密码相同
 </p>
 <p>E--mail：      
 <input type="text" size="30"/><font color="#CC0000">*</font>请正确填写
 </p>
省份：    
 <select>
  <option>-请选择-</option>
  <option>湖南</option>
  <option>上海</option>
  <option>北京</option>
  <option>福建</option>
  <option>杭州</option>
  <option>成都</option>
  <option>衡阳</option>
 </select>省
            
       城市：     
```

```
    <select>
      <option>-请选择-</option>
      <option>长沙</option>
      <option>上海</option>
      <option>北京</option>
      <option>福建</option>
      <option>杭州</option>
      <option>成都</option>
      <option>衡阳</option>
    </select>市<br /><br />
    <hr width="100%" align="left"/>
    请选择一张你喜欢的照片上传：      
    <input type="file" size="30"/>
    <br /><br />下方预览<br /><br /><br />
    <label></label>
    <hr width="100%" align="left"/><br /><br />
    <center>
      <input type="button" value="提交" />  
      <input type="reset" value="重置" />
    </center>
  </form>
</font>
```

3. 在文件菜单中选择保存后，找到你想要保存的文件路径，保存为 register.html 文件后，运行查看网页效果并进行适当的修改和调试。

任务 3.5 在线自助页面设计

任务描述

在网页中如果再加入背景音乐和视频、动画，会变得"灵"、"闪"起来，从而吸引住大批的网页浏览者。

本任务通过对多媒体标记的掌握，编写 HTML 源代码设计网页，产生如图 3-25 所示的网页效果。网页加入了多媒体元素 flash 后有动画效果。此 flash 可通过移动鼠标并点击选中的选项，进入服务中心栏目下的服务项目。

图 3-25 任务实现效果

知识引入

3.5.1 背景音乐

网页中常用的音乐格式有 MIDI 音乐、WAV 音乐、MP3、AIFF、AU 格式等格式，使这些音乐成为背景音乐的方法是标记<bgsound>，加入到<head>和</head>之间，即可以实现。其书写格式如下：

```
<bgsound src="URL 文件名" autostart="自动" loop="循环次数">
```

【属性】

src：用于设定音乐文件名及路径，可以是相对路径或绝对路径。

autostart：用于设定是否在页面打开时自动播放音乐。true 表示"是"（默认），false 表示"否"。

loop：用于设定循环播放音乐的次数。取值有两种：Infinite（无限次，与 LOOP=-1 等效）和值（次数）。

3.5.2 多媒体对象

加入一些多媒体的元素和效果可以使网页更加动态、美观。在 IE 浏览器中，HTML 有两类插入多媒体元素的标记。

1．多媒体标记<embed></embed>

用于调用称为插件的内置程序来播放 MP3、MID、WAV、AVI、WMV、MPEG、SWF 等多种类型的音频或视频多媒体文件。若无预先安装好的插件程序，在访问多媒体文件时它会提示你或是打开文件或是保存文件或是取消下载。若打开未知类型的文件，浏览器会试图使用外部的应用程序显示此文件。其书写格式如下：

```
<embed src="URL" width="宽度" height="高度" hidden="隐藏" autostart="自动"
loop="次数" startime="时间" volume="声音" type="多媒体类型" > </embed>
```

【属性】

src：用于设置多媒体文件的 URL 和文件名。

width：用于设置多媒体的宽度。

height：用于设置多媒体的高度。

hidden：用于设置是否隐藏播放面板。取值有两种：false（默认，不隐藏）和 ture（隐藏）。

autostart：用于设置是否自动播放。取值有两种：false（默认，不自动播放）和 ture（自动播放）。

loop：用于设置是否循环播放。取值有 3 种：false（默认，只播放一次）、ture（循环播放）和值（循环播放次数）。

startime：用于设置乐曲的开始播放时间，取值为分：秒的格式，如 30 秒后播放写为 startime=00:30。

volume：用于设置音量大小。如不设定，用系统的音量。

type：用于指定播放文件的 MIME 类型，取值三类：audio(音频)、video(视频)和 appliction。前两类具体值有：audio/x-wav（WAV 音频）、audio/basic（AU 音频）、audio/mpeg（MP3、

RM 音频）、audio/midi（MID 音频）、audio/x-ms-wma（WMA 音频）、audio/x-pn-realaudio-plugin（RealAudio）、video/x-ms-wmv（WMV）、video/msvideo（AVI）、video/mpeg（MPEG 视频）和 video/quicktime（MOV）。appliction 需要用 pluginspage 属性指明网站的应用来源，如：application/x-shockwave-flash 值，对应的 pluginspage 值为 http://www.macromedia.com/go/getflashplayer；application/x-mplayer2，对应的 pluginspage 值为 http://www.microsoft.com/windows/mediaplayer。

虽然此标记因 HTML4.01 不赞成内嵌对象，但是在所有浏览器中都有效，且现在流行的 HTML5 允许内嵌对象以支持此标记的使用。

2．嵌入对象标记<object></object>

（1）嵌入播放器对象标记：<object></object>

用于定义一个嵌入页面的多媒体或 Applet 对象。其书写格式如下：

```
<object 首选嵌入对象标记>
    <param 为嵌入对象提供参数 />
    <object 第一备用嵌入对象标记></object>
    <embed 其他备用转换标记></embed>
</object>
```

【属性】

classid：用于指定浏览器引用播放器的唯一标识号，通常是系统内注册的 ID，对应指定 ID 可找到 DLL 文件。其值为 D27CDB6E-AE6D-11cf-96B8-444553540000 时使用 flash 播放器播放多媒体文件，其值为 22D6F312-B0F6-11D0-94AB-0080C74C7E95 时使用 RealPlayer 播放器播放多媒体文件，其值为：6BF52A2-394A-11D3-B153-00C04F79FAA6 时使用 MediaPlayer 播放器播放多媒体文件，其值为：02BF25D5-8C17-4B23-BC80-D3488ABDDC6B 时使用 QuickTime 播放多媒体文件。

codebase：用于指定浏览器自动下载的播放器的 URL。

width：用于设置嵌入对象的宽度。

height：用于设置嵌入对象的高度。

name：用于设置嵌入对象的唯一名称。

codetype：用于设置 classid 所引用代码的 MIME 类型。

standby：用于设置嵌入对象 URL 的基准 URL。

archive：用于指向与对象相关的资源文件的 URL。

data：用于设置对象需要处理的多媒体文件的 URL。

type：用于设置 data 指定文件的数据 MIME 类型。

declare：用于设置嵌入对象只能被声明，不能创建，直到得到应用。

usemap：用于设置与嵌入对象一同使用的客户端图像的 URL。

（2）参数标记：<param>

用于为嵌入对象提供参数的标记。需在标记内使用才能提供一个参数。其书写格式如下：

```
<param name="参数名" value="参数值"/>
```

【属性】

name：用于指定参数的名称。其值要与<object>标记中的 classid 的取值对应。常用的取值如下。

① src/url/movie：三选一，指定 RealPlayer/MediaPlayer/Flash 播放器中一种播放多媒体文件。

② controls/uiMode：二选一，指定 RealPlayer/MediaPlayer 中一种播放器的显示按钮。

③ autostart：用于设置播放的文件是否自动播放。取值前面有说明过，此处略。

④ loop：用于设置播放的文件是否循环播放。取值前面有说明过，此处略。

⑤ type：用于指定播放文件的 MIME 类型。取值前面有说明过，此处略。

⑥ wmode：用于指定播放文件的画面透明度。

⑦ quality：用于指定播放文件的画面质量。默认对应的 valuew 值为高清晰 hight。

⑧ swfversion：用于指定 Flash 引用的版本型号。

value：用于设置参数值。常见的值为多媒体文件的 URL。

例 3-19：在网页中加入一个宽 400px、高 300px 的 mediaplay 的播放区，自动开始循环播放 avi 文件。同时在网页中也播放 swf 文件。

```html
<html xmlns="http://www.w3.org/1999/xhtml">
  <head>
    <title>例 3-19</title>
    <meta http-equiv="Content-Type" content="text/html; charset=utf-8" />
  </head>
  <body>
    <h2>多媒体练习</h2>
    <hr size=1 color="pink">
    <embed src="imgs/1.avi" width="400" high="300" align="center"
autostart="true" loop="true">
    </embed>
    <p>
      <object classid="clsid:D27CDB6E-AE6D-11cf-96B8-444553540000"
    codebase="http://download.macromedia.com/pub/shockwave/cabs/flash/swfla
sh.cab#version=7,0,19,0" width="400" height="293">
      <param name="movie" value=" imgs/top.swf">
      <embed src=" imgs/top.swf" quality="high"
    pluginspage="http://www.macromedia.com/go/getflashplayer"
type="application/x-shockwave-flash" width="400" height="293">
      </embed>
    </object>
    </p>
  </body>
</html>
```

运行结果如图 3-26 所示。

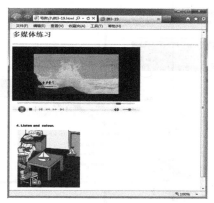

图 3-26 运行例 3-19 后的网页

任务实施

1. 启动 Dreamweaver CS6，新建一个 HTML 文件。
2. 在代码窗口中的\<body>\</body>这对标记内输入代码，内容如下所示：

```
<h1 align="center">欢迎使用在线自助</h1>

<hr width="100%" />

<p>    
  <font size="+1">点击下面的文字即可完成服务中心提供的服务</font>：
</p>

<p>
  <object classid="clsid:D27CDB6E-AE6D-11cf-96B8-444553540000"
codebase="http://download.macromedia.com/pub/shockwave/cabs/flash/swfla
sh.cab#version=7,0,19,0" width="760" height="80">
    <param name="movie" value=" img/server.swf">
    <param name="quality" value="high">
    <embed src=" img/server.swf" quality="high"
pluginspage="http://www.macromedia.com/go/getflashplayer"
type="application/x-shockwave-flash"  width="760" height="80">
    </embed>
  </object>
```

3. 在文件菜单中选择保存后，找到你想要保存的文件路径，保存为 selfhelp.html 文件后，运行查看网页效果并进行适当的修改和调试。

项目实训

设计销售网络页面。页面中加入全国的地图，并设置销售网点的热点链接，链接时显示销售联系地址与位置、电话表，此页面中需加入服务的 flash，如图 3-27 所示。

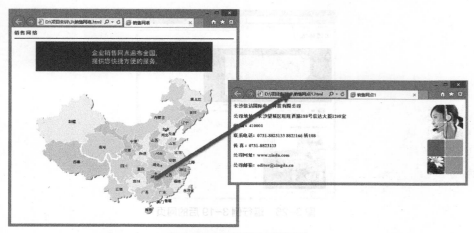

图 3-27　设计的页面效果图

1. 启动 Dreamweaver CS6，新建一个 HTML 文件。

2. 在代码窗口中的<body></body>这对标记内输入以下代码，如图 3-28 所示，实现销售网络页面。

```
<font color="#336699" face="Arial, Helvetica, sans-serif" size="-1">
销 售 网 络</font>
</strong>
<hr color="#336699" >
<center>
  <object id="FlashID" classid="clsid:D27CDB6E-AE6D-11cf-96B8
-444553540000" width="380" height="68">
    <param name="movie" value="img/ad.swf">
    <param name="quality" value="high">
    <param name="wmode" value="opaque">
    <param name="swfversion" value="7.0.70.0">
    <param name="expressinstall" value="scripts/expressInstall.swf">
    <object type="application/x-shockwave-flash" data="img/ad.swf"
width="380" height="68">
      <param name="expressinstall" value="scripts/expressInstall.swf">
    </object>
  </object>
  </center>
<p align="center">
  <img src="img/map.jpg" alt="全国地图" width="381" height="260"
border="0" align="center" usemap="#Map">
  <map name="Map">
  <area shape="rect" coords="236,175,268,196" href="销售网点1.html">
  <area shape="rect" coords="251,161,277,175" href="销售网点2.html">
  <area shape="rect" coords="273,92,294,109" href="销售网点3.html">
  </map>
</p>
```

图 3-28　项目实现代码

3. 在文件菜单中选择保存后，找到你想要保存的文件路径，保存为 sales.html 文件后，运行查看网页效果并进行适当的修改和调试。

4. 新建一个 HTML 文件，在代码窗口中的<body></body>这对标记内输入代码，如图 3-29 所示，实现销售网点 1 页面。

```
<strong>
 <font size="-1">
 <p>长沙信达国际电子科技有限公司
  <img src="img/content.jpg" width="100" height="205" align="right" />
 </p>
 <p>公司地址：长沙望城区旺旺西路 188 号信达大厦 1208 室</p>
 <p>邮    编：410001  </p>
 <p>联系电话：0731-8823133 8823166 转 108  </p>
 <p>传    真：0731-8823133</p>
 <p>公司网址：www.xinda.com  </p>
 <p>公司邮箱：editor@xingda.cn </p>
 </font>
 <strong>
```

</strong>

图 3-29　项目实现代码

5．在文件菜单中选择保存后，找到你想要保存的文件路径，保存为 sales1.html 文件后，运行查看网页效果并进行适当的修改和调试，建立销售网点 2 和 3 的网页。再运行销售网络网页，点击地图中的湖南长沙区域查看是否能链接到销售网点 1，点击其他区域查看是否能链接到销售网点 2 和 3。

习题

1．什么是 HTML？HTML 文件的基本结构是怎样的？

2．DTD 指的是什么？与 HTML 文件的关系是怎样的？

3．什么是相对路径?什么是绝对路径？

4．<meta>标记的 http-equiv 属性的作用是什么？

5．设置网页运行 10 秒后，自动跳转到 http://www.baidu.com 的代码是怎样的？

6．将网页分成 4 大段，在网页的上方对每一段都定义一个标题名引用，点击这些标题名可以直接定位对应段的代码是怎样的？

7．在链接标记中，target 属性设置的影响是什么？

8．超级链接分为哪几类?分别是什么？

9．什么是锚点链接?什么是热点链接？

10．如何实现文字或图片的滚动？

11．建立一个用户登录的页面的代码是怎样的？

12．在网页中加入多媒体元素的方法有哪些？

PART 4

项目 4 网站测试与发布

知识目标

1. 熟悉空间和域名申请的方法。
2. 掌握网站上传与发布的方法。
3. 掌握本地站点的测试与验证的方法。
4. 熟悉网站的推广。

能力目标

1. 具备对浏览器做兼容测试和对页面做各类测试的能力。
2. 提高对网站进行维护与更新的能力。
3. 具备传送选定文件的能力。
4. 具备同步站内文件的能力。

学习导航

本项目实现初期网站建设后的网站测试与上传、网站的发布与维护及网站的推广。项目在企业网站建设过程中的作用如图 4-1 所示。

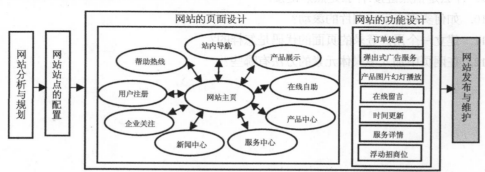

图 4-1　学习导航图

任务 4.1　站点测试

任务描述

　　建设的网站不论大小和内容的多少（如有些个人网站中提供的网页就很少），都可以上传到互联网供浏览者欣赏。当现在创建了站点中的几个简单网页，也可以先将它们进行测试与上传，以后再在网站中添加和丰富内容，并做到及时地更新即可。

　　本任务完成对站点测试方法的掌握。

知识引入

　　网站的网页建立后，不能立即上传，而是需要进行本地测试，以确保网页内容在浏览器中能够正常显示，如果也能够使各链接正常跳转，会减少站点中多余的图片和文件占用空间、缩短页面下载时间等问题的出现。

　　网站测试方法可分为 6 种：功能测试、性能测试、用户界面测试、兼容性测试、安全测试和接口测试。

1．兼容性测试

　　兼容性测试可查出文档中是否含有浏览器不支持的标记或属性等，如 embed、marquee 标记等。如果这些元素不被浏览器支持，在浏览器中会显示不完全或功能运行不正常，当然也会影响网页的质量。

　　"检查浏览器兼容性"给出 3 种潜在问题的信息：告知性信息、警告、错误。告知性信息表示代码在某个浏览器中不受支持，但没有负面影响，警告表示某段代码不能在特定浏览器中正确显示，但不会导致严重问题，错误则是表示某段代码在特定浏览器中会导致严重的问题，如使页面显示不正常。

　　打开要测试的网页，单击"文档工具栏"中的"检查页面"按钮，在弹出的下拉菜单中选择"设置"菜单项，弹出如图 4-2 所示的目标浏览器对话框。

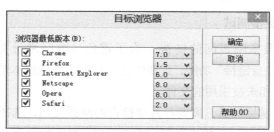

图 4-2　目标浏览器对话框

　　对话框中可选择用作测试网页的目标浏览器，选中后可通过右侧的下拉列表框选择对应浏览器的最低版本。单击"确定"按钮关闭对话框，实现对目标浏览器的设置。同时在结果面板的"浏览器兼容性"面板中会显示检查结果，如图 4-3 所示。

图 4-3 "浏览器兼容性检查"面板

单击"浏览器兼容性"面板中的错误信息，会显示网页错误的原因。双击"浏览器兼容性"面板中的错误信息，系统自动切换到"拆分"视图，并选中代码窗口中有问题的内容范围，因 Dreamweaver 的"检查浏览器兼容性"功能不会对文档进行任何方式的更改，只会给出检测报告。因而需要将有问题的代码自己进行修改或删除，以修改错误。

单击"浏览器兼容性"面板的左侧 "浏览报告"的图标按钮，可以对站点中的网页进行目标浏览器的兼容性检查，浏览器中会显示检查报告，如图 4-4 所示。若要保存结果，可单击面板组左侧的 按钮。

选择面板组中的"站点报告"选项卡，选择左侧 报告图标，会弹出"报告"如图 4-5 所示的报告对话框，可设置具体报告的对象和报告文件的存放位置，形成报告规则后单击"运行"按钮可实现站点中 HTML 的报告形成。

图 4-4　检查报告

图 4-5　可选报告内容

2．站点范围内的链接测试

在站点中存在着很多网页间的链接，为了避免 URL 地址对每个页面进行检查，Dreamweaver 提供了"检查链接"功能，实现快速在打开的文档或本地站点的某一部分或整个站点中检查断开的链接和未被引用的文件。

如果是对页面进行链接测试，需要打开要检查的网页文档，选择菜单栏中的"文件" |"检查页" | "链接"菜单，"链接检查器"面板中将显示检查的结果，如图 4-6 所示，列出的是断掉的链接。在"显示"下拉列表框中，可选择要查看的 3 种链接类型。断掉的链接用于检查文档中是否有断掉的链接；外部链接用于检查页面中存在的外部链接；孤立文件只有在对整个站点进行检查时该项才有效，用于检查站点中是否存在孤立文件。在下方的状态栏显示检查后总体信息，即一共有多少个链接、正确的链接和无效链接的数量。其中断接的链接是指链接文件在本地磁盘中没有找到，外部链接是指无法检测到站点外的链接文件，孤立文

件是指没有建立任何链接的站点文件。

图 4-6 "链接检查器"面板

如果是对站点中某个部分的链接进行测试，需要打开要检查的网页文档或文件夹，单击鼠标右键，在弹出的快捷菜单中选择"检查链接" | "选择文件/文件夹"菜单项，检查结果显示在"链接检查器"面板中。

如果是对当前站点全部范围的链接进行测试，通过单击"文件"面板中的 ▶ 按钮，在弹出的下拉菜单中选择"检查整个当前本地站点的链接"选项，检查结果将显示在"链接检查器"面板中。

出现链接错误后，需要修复断掉的链接再重新进行链接。在断掉的链接列表中，单击"断掉的链接"列中出错的项，该列变为可编辑状态，重新输入链接文件的路径或者单击右侧的 □ 按钮，在弹出的"选择文件"对话框中重新选择链接的文档，按 Delete 键删除。在进行修改时会弹出如图 4-7 所示的提示框，询问是否修正其他引用该文件的非法链接，单击"是"关闭提示框，系统会自动修正其他链接，来完成修复。

图 4-7 修正非法链接

3．网页验证测试

在测试站点时，可以使用报告检查网页是否存在问题。验证当前文档或选定的标记、替代文本、无标题文档、代码中存在标记错误或语法错误，需要通过验证来进行。

单击菜单栏的"编辑" | "首选参数"菜单项，弹出"首选参数"对话框，如图 4-8 所示，从分类列表框中，选择 "W3C 验证程序"列表项，右侧显示可供选择的验证程序，可选择"XHTML 1.0 Transitional"复选框，单击"确定"按钮完成设定。

图 4-8 设定验证程序

选择"文件"面板中的文件，单击验证面板中的 ▶ 图标，从弹出的 3 个菜单项中选择"验证整个当前本地站点"菜单项,执行当前文件验证。验证完后,在"验证"面板中显示当前文件存在的问题,如图 4-9 所示。双击验证列表项,跳转到网页文档代码进行修改,排除验证不合格项。

图 4-9 验证结果显示面板

4.网页的下载速度测试

网页的下载速度是衡量网页制作水平的重要标准。在 Dreamweaver CS6 中,系统会根据页面中的所有链接对象来检测下载速度。而一个网页的下载速度最好不要超过 8 秒。

选择菜单栏中的"编辑"|"首选参数"菜单项,在弹出的"首选参数"对话框中,从分类列表框中,选择"站点"选项,在"FTP 连接"、"FTP 作业超时"和"FTP 传输选项"的文本框中可填写选取后继对话框中的默认操作时间和浏览该网页时的连接速度,可根据实际情况进行选择。

单击"确定"按钮,关闭对话框,在网页的状态栏的右侧会显示该设置下的网页下载时间。

任务 4.2　网站发布

任务描述

网站测试完成后,需要上传到互联网的远程服务器上才能被客户浏览。企业可以自己创建并维护自己的远程服务器,并为此服务器申请 IP 地址或在互联网上申请免费域名空间和虚拟主机,然后在本地站点进行远程测试,并将本地所建的文件夹上传到服务器上,形成真正意义上的网站。

本任务完成对站点发布方法的掌握。

知识引入

1.域名和空间申请

（1）申请空间

主机空间是用来存放已设计好的网站文件的地方,也称为虚拟主机。服务商将一台运行于互联网的服务器分为多个虚拟主机,每个虚拟主机都有其独立的域名和 IP 地址,并具有完整的服务器功能,如 www、ftp、E-mail 等。

主机空间分为收费空间和免费空间两种。收费空间的大小和支持条件可由用户根据需要自行选择,可选更大的容量空间,支持应用程序技术和提供数据库空间等。免费空间的大小和运行支持条件受到一定的限制,空间大小一般为 10~100MB,不支持应用程序技术和数据库技术,访问速度不稳定,上传的站点只能是静态网站。申请主机空间时,可根据网站本身的性质、网站文件的大小、网站运行的环境和技术条件等选择合适的空间大小及类型。

免费空间主机申请时，可通过"百度"网站输入"免费个人空间"关键字搜索能够提供免费空间的网站。以网易 http://www.hetease.com 为例，它提供了 100MB 免费主页空间，并提供免费域名，免费域名形式为 yeah.net.126.com；搜狐 http://www.sohu.com，提供 20MB 免费主页空间，并提供三级域名，免费域名为 yeou.home.show.com。

收费空间的主机，首先需要注册为该网站的会员后才能登录，同时选定空间大小的技术和支持，就像网上购物一样根据购买自己需要的商品，最后将对应的费用交上，则服务器会提供虚拟空间使用的 IP 地址、登录账号名称和密码。如果方便，上面的一切都可省去，直接到服务机构登记即可。

（2）申请域名

域名是连接企业和互联网网址的纽带，像品牌、商标一样具有重要的识别作用，是企业在网络上存在的标志，也是站点和形象的存在的标识。

提供域名和虚拟主机服务的公司称为域名和网站托管服务商，网络中有很多这样的服务商如 www.networksolutions.com、ba.hichina.com 等。想要创建网站，需要是依法登记且能独立承担民事责任的组织申请，成为对应网站的会员，其后在某个域名代理机构在线填写域名备案申请表，并提交域名备案申请表和申请单位的机构代码证书等书面材料并盖上公章，通过工业和信息化部、各通信管理局、接入服务企业三级审核，并签写网站备案信息真实性核验单和信息安全管理协议来完成备案，登记到域名。当然也需要支付一定的费用，一般注册一个带.com、.net、.org 国际域名的服务费通常是 80 元/年，带.cn 域名的服务器通常为 180 元左右。

域名作为企业网站系统的一种标志，体现企业的价值理念、文化素养和社会形象，增加企业在互联网上的知名度。因此企业要选取好的域名，同时需要注意两点。①简单明确、便于输入，短而顺口、便于记忆，发音清晰、避免同音异义词，如新浪网的前身使用 sinanet.com，现在换成了 sina.com，网易原使用的是 nease.net，现在全部使用 163.com。②要有一定的内涵和意义，能有助于实现企业的建站目标，给企业带来无限商机。

2．远程站点信息设置

申请好主机和域名后，服务商会提供登录虚拟空间使用的 IP 地址、登录账号名称和密码，将这些信息设置到 Dreamweaver 对应的站点中，并将本地站点传输到远程服务器上去，以实现对主机空间进行操作。

选择菜单栏中的"站点"|"管理站点"菜单项，弹出"管理站点"对话框，选择要编辑的站点，双击"编辑"按钮，打开对应的站点并选择"服务器"选项卡，如图 4-10 所示。在基本设置相关参数，在"连接方法"下拉菜单选择采用 FTP 方式访问由网站空间提供商的远程服务器，填写申请主页空间时确定的空间登录名和密码。为验证参数是否正确，可在设置好站点远程信息后，单击"测试"按钮进行服务器连接测试，如果连接成功，系统会给出相应的提示信息。

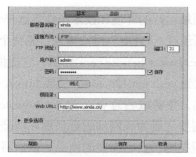

图4-10 选择访问远程站点的方式

3．文件上传

（1）网站发布的方式

① 通过 HTTP 方式发布

很多免费空间经常采用这种服务方式。这种方式用户只要登录到网站指定的管理页面，填写用户名和密码，就可以将网页一页一页地上传到服务器。这种方式虽然简单，但不能批量上传，需要先在服务器上建立相应的文件夹，然后才能上传，这对于有较大文件和结构复杂的网站来说费时费力。

② 通过 FTP 方式发布

这是一种最常用的做法，需要提供 Web 服务器的 IP 地址、FTP 登录服务器的用户名和密码、登录后的主目录等信息。发布时可使用专门的 FTP 工具软件，也可使用网页制作软件的 FTP 功能。专用 FTP 工具软件有 FlashFXP、CuteFTP 等。

③ 通过本地/局域网发布

它是将服务器上 Web 发布的实际目录设为根据用户名和密码访问的完全共享模式，并通过成功登录，将目录映射成本地的一个盘符。这样，发布网站时只需将本地文件复制到这个盘符下的相应位置即可。

④ 通过网页表单发布

它是一些个人主页提供商采用的方式，允许用户通过 Web 页进行个人网页管理。这种方式中的网页上传机制和过程与网页电子邮件附加附件文件的情形相似。

（2）站点管理器上传文件

Dreamweaver CS6 提供内置的 FTP 上传工具——站点管理器，实现上传站点信息，即网站的发布，方法简单。

与服务器成功连接后，从本地站点向服务器上传文件。打开"文件"面板，单击面板中的"展开以显示本地的远程站点"按钮，在扩展的"文件"面板里查看当前站点和远程站点文件信息，如图 4-11 所示。如果事先没有指定远程服务器目录，单击"连接到远端主机"按钮，连接远端服务器。单击刷新按钮打开远程服务器指定目录。在本地站点浏览窗口中选择要上传的文件、文件夹或网站，单击"上传文件"按钮，系统弹出是否上传整个站点的对话框，单击"确定"按钮，系统将开始上传文件并显示如图 4-12 所示的上传进度提示对话框，上传完成后就能看到上传的文件或站点显示在了左侧的窗口，同时也被保存在服务器指定的文件夹中。切换到"远程端点"窗口，单击刷新按钮可刷新当前视图过程站点上的文件。

图 4-11 文件上传到 Web 服务器

图 4-12 上传进度显示对话框

任务 4.3 网站维护

任务描述

将站点内容上传到服务器之后，企业客户可以通过网络浏览页面，获取到信息，并提出有效的改进方案和建议，协助网站的内容能进行及时、有效的调整和修改网站的内容。设计者则根据客户的建议定期对网站进行更新与维护，如下载远程服务器原有的网页文件进行调整，修改完后将新的网页文件上传到远程服务器上等。

本任务完成对站点维护方法的掌握。

知识引入

1．上传和下载

本地站点内容的上传方法同网站发布时的内容上传，也可以采用鼠标拖放的形式将本地文件夹与文件放到远程站点窗口内，当所有的网页都放到远程站点后，用户就能通过浏览器访问网站了。

当需要从远程服务器中取回文件时，单击"文件"面板中的"获取文件"按钮 ⬇，会弹出提示性对话框，单击"确定"按钮，显示取回文件进度指示的对话框，如图 4-13 所示，下载完后该对话框会自动消失。

图 4-13 取回文件进度指示对话框

2．存回和取出

随着网站规模的扩大，站点的维护会变得较困难，需要多人来共同维护站点。在这种协助环境下的工作，可借助 Dreamweaver CS6 的存回和取出功能，设置流水化操作过程，确保同一时间只能由一个维护人员对一个网页文件进行修改。

此时，需要使用一个远程 FTP 或者 Network 服务器连接到本地站点，选择"服务器"选项卡中左侧列表项中的"高级"选项，选中"启用存回和取出"复选框激活"存回和取出"

功能，如图 4-14 所示。

图 4-14　启用存回和取出

（1）取出文件

取出一个文件是指文件的权限归用户自己所有，相当于声明"我正在处理这个文件，请不要修改！"，被取出的文件对别人来说就是只读的。文件被取出后，Dreamweaver CS6 会在"文件"面板中显示取出这个文件的人的姓名，并在文件图标的旁边显示一个红色标记（表示文件已由其他小组成员取出，不可再操作）或一个绿色标记（表示取出的文件可操作，取出者的 ID 也会显示出来），若出现锁形的符号则指示该文件为只读或锁定状态。

单击工具栏上"取回文件"按钮 或选中远程服务器中文件，右击后选择"取出"选项，弹出"相关文件"对话框，询问是否"要获取相关文件"，单击"是"按钮将直接下载相关文件，单击"否"按钮将禁止下载相关文件。在取出新文件时下载相关文件通常是一种不错的做法，但是如果本地磁盘上已经有最新版本的相关文件，则无需再次下载它们。

（2）存回文件

存回文件是指文件可被其他网页维护者取出和编辑，表示放弃对文件权限的控制。当在编辑文件后将其存回时，本地版本将变成只读，锁形符号出现在"文件"面板的文件旁，以避免在他人取出文件时本人再去更改该文件。

在"文件"面板上选择取出的或新的文件，单击工具栏上的"存回文件"按钮 ，弹出"相关文件"对话框。单击"是"按钮将相关文件随选定文件一起上传，单击"否"按钮将禁止上传相关文件。

在 Dreamweaver CS6 中，站点文件的存回和取出是通过一个带扩展名为 lck 的纯文本文件来记录的。当用户在站点窗口中对文件进行存回和取出操作时，Dreamweaver CS6 将分别在本地站点和远程站点上创建一个.lck 文件，每个.lck 文件都与取出的文件名相同。如一个 index.html 文件被取出后，在相应的目录中将生成一个 index.html.lck 文件。.lck 文件实际上是标记为隐藏的文件，用来记录"取出"信息，可将其删除。在本地站点目录下将文件夹选项中设置"显示所有文件和文件夹"后可看到该隐藏文件。

3．同步更新

Dreamweaver CS6 的同步功能可以便捷的在远程和本地站点之间实现同步更新，既可以更新某一个页面，也可以更新整个站点。

打开"文件"面板，在站点下拉列表中选择需要同步的站点，选择需要同步的文件或文件夹，如果是同步整个站点可跳过这步选择。单击"文件"面板上方的同步按钮 ，在"同步文件”对话框中的“同步”下拉列表中选择希望同步的对象（整个站点或选中的文件夹和文件），然后在“方向”下拉列表框中选择同步的方向，如图 4-15 所示。

图 4-15　选择同步对象和方向

单击“预览”按钮，系统会开始对比本地站点和远程站点中的文件，对比结束后，会根据情况给出提示框。如果单击“是”按钮，会显示本次同步的操作的更新的文件列表。可通过单击左下方的一排按钮，对所选文件进行相应的操作。

任务 4.4　网站推广

任务描述

网站开通后，就像已注册的公司一样，需要进行宣传才能有较大的访问量，并带来经济效益。因此，网站的宣传推广非常重要。宣传推广有多种方式，可通过电视、书刊报纸、户外广告等大众传媒渠道来进行推广，也可通过网络进行推广传播。

本任务完成网络推广方法的掌握。

知识引入

网络推广的方式有搜索引擎、网站合作、BBS 论坛、网站广告等。

1．搜索引擎推广

搜索引擎是基于关键字的引擎，因此拟定好网站的关键字确定好所要注册的页面非常重要。关键字会在网页代码的<title></title>这对标记中写入，也在<meta>标记中加入关键字，如<meta name="keyworks" content="网站名称，产品名称……">，content 中填写关键字。关键字最好是大众化的，与企业文化、公司产品等紧密相关，且尽量多写一些，还可以将一些相关关键字重复，以提高网站的排行。

2．网站合作推广

网站的合作主要是通过友情链接和营销策划的合作伙伴来推广。友情链接是交换链接，建立与企业站点相关、相近或有业务来往、访问相当的站点间的友情链接，包括购物、设计、行业、个人博客网站的友情链接，以提高网站的访问量。也可以在某个活动或某个阶段同地方门户、企业协会等网站就品牌网站相关活动展开合作，通过合作伙伴的平台进行网站推广。

3．BBS 论坛推广

寻找一些跟企业产品相关且访问人数较多的论坛，以产品为话题或以用户体验式文章来做有奖的主题博客，通过发注重质量的帖子推广网站，也可通过邀请专业人士在论坛中实现网站推广。

4．网络广告推广

网络广告推广需要考虑投放方式、投放周期、广告类型、行业媒体等因素。常用的广告类型有按键广告、弹出式广告、旗帜广告、浮动广告等。按键广告指在网站上单击链接站点的标志或单击超链接图片访问目标站点。弹出式广告是在打开一个站点时，自动弹出目标站点的内容或指向目标站点的超链接窗口。旗帜广告是将静态或动态图片放置在网站的顶部、中部或底部等固定位置。浮动广告是在打开站点时，在网页上有可移动的漂浮在网页上带有指向目标站点的超链接的多媒体元素。

项目实训

对站点中已建立的网页文件进行网站的测试与发布，对应的步骤如下。

1．选择主菜单中站点菜单的"管理站点"项，弹出"管理站点"对话框，在站点名列表中选择站点"长沙信达信息科技电子有限公司"，然后单击"编辑"按钮，弹出"站点定义"对话框。

2．选择"服务器"选项，在"连接方式"文本框中输入要上传到的 FTP 服务器 IP 地址或域名，在"主机目录"文本框中输入网站要上传到该主机的位置，在"登录"和"密码"文本框中输入用于连接的 FTP 服务器的登录名和密码，如图 4-10 所示。

3．单击"测试"按钮，可以测试网站是否链接成功，若成功弹出提示已成功链接的对话框。

4．单击菜单项中的"窗口"｜"文件"菜单项，弹出文件面板，单击"上传文件"图标，则开始上传网站。上传结束后，就可以通过网址浏览网站了。

5．网站创建完成并上传到服务器后，为保障网站的良好运行，会有大量的网站维护和更新工作要做，包括网页的定期更新、数据备份、网站的安全防护等。

习题

1．什么是虚拟主机？

2．申请好主机和域名后，怎样才能通过 Dreamweaver CS6 内置的站点管理功能对主机空间进行各项操作？

3．选择一个本地站点，测试站点的链接情况，并改正链接错误。

4．如何上传站点？选择一个本地站点，将其上传到远程服务器。

5．如何取回服务器上的文件？

6．站点维护的方法有哪两种？

7．如何测试浏览器？

8．设置虚拟目录，并浏览结果。

第❷部分

提高篇

项目 5
网站版式设计

知识目标

1. 掌握网页组成的基本元素。
2. 掌握网页的结构与布局形式。
3. 掌握色彩搭配原则。
4. 熟悉色彩搭配技巧与标准。
5. 欣赏不同类型的特色网站。

能力目标

1. 提高分析优秀网站结构、色彩搭配、视觉效果的能力。
2. 提高归纳优秀网站的设计理念、风格特点、布局的能力。
3. 提高在网页设计中对网页配色与布局重点把握的能力。
4. 提高独立设计高品质网站的能力。

学习导航

本项目实现网站中主页的版式设计和网站的总体布局，掌握色彩的搭配、技巧和原则。
项目在企业网站建设过程中的作用如图 5-1 所示。

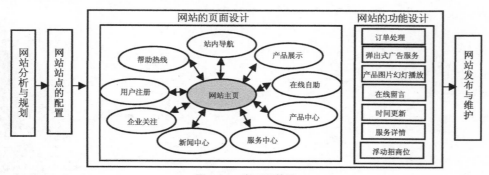

图 5-1　学习导航图

任务 5.1　首页基本结构设计

任务描述

　　网站的首页是指网站的主索引页，是浏览者了解网站概貌、引导浏览者阅读网站信息的向导。风格不同的网站首页，有不同的设计构思、布局结构、风格特点、内容的组织、色彩搭配等，会吸引住不同的浏览者和潜在的客户。需要让更多的人来关注的话，需要通过对不同类型的网站浏览欣赏，网站首页的组成元素和风格的明确，设计出有个性的企业网站首页。
　　本任务完成对雀巢咖啡网站首页的结构布局的分析，提升网站首页的设计能力。

知识引入

5.1.1　首页布局

　　网页布局是从整体的角度对网页中的内容进行合理的、有效的格式设置。网页中的主要组成内容如下。

1．网页的组成元素

　　网页中的内容由 Logo（站标）、图像、表单对象、表格、超链接、动画、导航条、广告、文字、声音等元素所组成，对文字的表现、图像的处理、相互之间的链接等进行合理的安排，设置适当的格式，会使整个网站产生不同的效果。其在网页中的体现如图 5-2 所示。

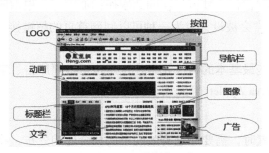

图 5-2　网页的基本元素

　　（1）文本
　　一般情况下，网页中最多的内容是文本。不同网站的规划下，对字体、大小、颜色、底纹、边框等属性会进行不同的设置。一般建议用于网页正文的文字不要太大，也不要使用过多的字体，中文字一般使用宋体，大小为 9 磅或 12 像素左右。
　　（2）图像
　　丰富多彩的图像是美化网页必不可少的元素，用于网页上的图像一般为 jpg 和 gif 格式。网页中的图像会有信息提供、形象展示、网页装饰、个人情趣和风格表达的作用，主要有点缀标题、介绍、代表企业形象或栏目内容的标志性图片和用于宣传广告的图片等多种形式。
　　（3）超链接
　　超链接是网页的主要特色，实现一个网页转到另一个目的端。链接的发起者可以是文本、按钮或图片，目的端可以是另一个网页，也可以是下列情况之一，即相同网页上的不同位置、一个下载的文件、一张图片、一个 E-mail 地址等。

（4）导航

导航条是网页的重要组成元素。设计的目的是将站点内的信息分类处理，然后放在网页中以帮助浏览者快速查找到站内信息。导航栏也是一组超链接，是网站内多个页面的超链接组合，实现网站中所有重要内容的概括。它一般由多个按钮或者多个文本超级链接组成。

（5）动画

动画是网页中最活跃的元素，网页中有创意出众、制作精致的动画，会吸引浏览者的眼球。但是如果网页动画太多，也会物极必反，使人眼花缭乱，进而产生视觉疲劳。

（6）表格

表格是网页中必不可少的元素，主要用于网页内容的布局，组织整个网页的外观，通过表格可以精确地控制各网页元素在网页中的位置。

（7）表单

表单是用来收集网页浏览者信息或实现交互作用的元素，浏览者填写表单的方式有输入文本、选中单选按钮或复选框、从下拉菜单中选择选项等。

（8）Logo

Logo 又称站标，是网站的标志，是网站所有者对外宣传自身形象的工具，其集中体现了这个网站的文化内涵和内容定位。通常 Logo 采用带有企业特色和思想的图案，或是与企业相关的字符或符号及其变形，也可以是很多是图文组合。Logo 在网站中的位置都比较醒目，能被突出和容易被人识别与记忆。其设计在网站制作初期进行，根据网站的文化内涵和内容定位设计。同时，Logo 通常会被设计成为一种可以回到首页的超链接。

（9）其他

网页中除了上述这些最基本的构成元素外，还包括横幅广告、字幕、悬停按钮、日戳、计算器、音频、视频、Java Applet 等元素。

2．首页的布局

首页在添加网页元素时，需要通过有效的布局和合理的分布，将需要放置的各功能模块放到网页中，同时注意重点突出、平衡协调，才能设计出一个有特色的首页。完美布局方案的确定可根据网站的内容进行划分，最常见的结构布局方式包括国字型、匡字型和左右框架型、上下框架型、封面型。

（1）国字型首页布局

国字型也称为"同"字型，是一些大型网站所喜欢的类型。分为上中下 3 部分，最上面是网站的标题和横幅广告、主导航。中间栏则是网站的主要内容，左右分列两小条内容，中间是主要部分，与左右一起罗列到底。最下栏是网站的一些基本信息、联系方式、版权声明等。这种结构是网上最常见的一种结构类型，其优点是充分利用版面，信息量大，缺点是页面拥挤，不够灵活，如图 5-3 所示。

图 5-3　国字型网页

（2）匡字型首页布局

匡字型结构又称拐角型，与国字型结构只是形式上的区别，很相近的，去掉了"国"字形布局最右边的部分，给主内容区释放了更多空间。其上面是标题和横幅广告，接下来的左侧是一窄列链接，右列是很宽的正文，下面也是一些网站的辅助信息，如图 5-4 所示。

图 5-4　拐角型网页

（3）左右框架型首页布局

这是一种左右分为两页的框架结构，一般左侧是导航链接，有时最上面会有一个小的标题或标志，其是固定的。右侧是正文，而页面中间的信息可以上下移动。在框架型网页中，深层页面的域名通常不会在 URL 中体现出来，在浏览器的 URL 一栏显示的是主页的 URL。很多大型的论坛都是这种结构的，有一些企业的网站也喜好采用这种结构。这种类型结构清晰，一目了然，如图 5-5 所示。

图 5-5　左右框架型网页

（4）上下框架型首页布局

这种结构是将网页上下分为两部分的框架结构，有些则在此上扩展为上中下 3 个部分的框架结构。其主题部分并非如"国"字型或拐角型一样由主栏和侧栏组成，而是一个整体或复杂的组合结构。一般在栏目较少的网站中使用这种结构，在国外用得比较多，国内比较少见。有一些论坛的网站喜好采用这种结构，如图 5-6 所示。

图 5-6　上下框架型网页

（5）封面型首页布局

这种类型基本上是出现在一些网站的首页，大部分为一些精美的平面设计结合一些小的动画，或放上几个简单的链接，或仅是一个"进入"子栏目的链接的网页。这种类型大部分出现在企业网站和个人主页，如果处理得好，会给人带来赏心悦目的感觉，如图 5-7 所示。

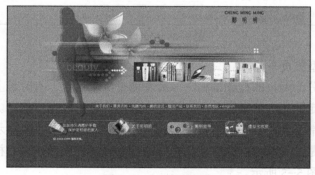

图 5-7　上下框架网页

3．首面设计原则

（1）导航栏设计

导航栏设计的好坏决定用户是否能方便地使用网站。导航要设计得直接而明确，并最大限度为用户的方便考虑。

（2）网页的布局

网页的布局是整个界面的核心，需要体现一切以用户为中心的主旨和网站制作者与浏览者沟通的方法。设计者必须知道自己要传达什么样的信息，别人使用起来是否合适，文字的大小、型号、字间距、行间距及配色，所有的一切都在这个阶段完成。因此，如何表现网站的功能和展现网站的美感是首页设计研究的重点。

布局设计要注意把握整体风格，注意统一、协调、流动、强调、均衡的构成原则，利用合适的网页元素来表现想要的效果。

5.1.2　网站风格

网站的风格就是网站的外衣，包括了网页上的所有元素（色彩、版式、图饰、文字、焦点、动画等因素）组成后给人的视觉印象。不同的网站有着各自不同的风格，可以根据网站的编程语言或用途、持有者、内容等多种形式分类，也可按类型设计，形成或欧美风格的网站、或韩国风格的网站、或日本风格的网站和或中国风格的网站。现以网站涉及的领域来分风格，分为门户网站（综合网站）、企业网站、娱乐网站、休闲网站、文化网站、功能类网站等。

1．门户类网站

此类网站主要是为上网用户提供信息搜索、网站注册、索引、网上导航、网上社区和个人邮件等信息，并进行分类、整合服务的站点。

门户网站的特点是信息量大、频道众多、功能全面、访问量大。页面设计以实用功能为主，注重视觉元素的均衡分布，以简洁、清晰为目的。为了保证访问速度并能让浏览者方便查找，页面的编排都尽可能简练、分类明确，无需多余的装饰。如新浪（www.sina.com.cn）、搜狐（www.sohu.com）等都是受欢迎的门户网站。

2．企业类网站

此类网站提供商务资讯，展示企业形象。因此，企业类网站通常有较鲜明的个性，页面上有突出的企业标志、名称、宣传口号等构成要素，页面的视觉导向体现产品的外观、品质感觉，布局和构图精巧。

3．娱乐类网站

此类网站主要针对青少年为主的娱乐消费群体，为其提供娱乐、游戏等方面的信息。其特点是信息量大、内容丰富、娱乐性强。因此页面风格不拘泥于某种形式，用色一般比较活泼，色彩鲜明、刺激。

4．休闲类网站

此类网站主要是指吃、穿、住、行等时尚休闲生活类网站。其特点是页面结构多样化，图片使用多样、频繁，颜色跨度较大、鲜艳活泼。

5．文化类网站

此类网站主要包括文化团体、出版发行、网上教育和院校介绍等网站。其特点是清新雅致、文化气息强烈，页面风格简洁明快、结构清晰、内容饱满。

6．功能类网站

此类网站主要是指搜索引擎使用特有的程序把因特网上的所有信息归类，帮助人们在浩如烟海的信息库中搜索到自己所需信息的网站。著名的搜索引擎如百度（www.baidu.com）、谷歌（www.google.com.hk），它们的主页版面网站标志突出、主体醒目、简洁明了，给人感觉清新、朴素。

任务实施

在地址栏输入 http://www.nescafe.com.cn/欣赏雀巢咖啡网站。其首页及子页风格如图 5-8 所示。网站的总体布局为三型网页布局，即是上中下框架型结构。

网站特色。对于雀巢咖啡而言，其良好的印记是红色的杯子，当拿到杯子就象征着雀巢，在雀巢咖啡里总不会失去红色。网站以红色为主色调，让人能感觉到咖啡带给人们的激情、幸福和喜悦，这也是雀巢想给人们的感觉。这样也能让人们体会到咖啡的作用：唤醒每一天的清醒，带来每一天的生活动力。在高楼中忙碌着的白领如果一天中有雀巢红杯、雀巢咖啡的相伴，就会有充满激情和活力的人生。这就是其产品的定位，也是网站的定位。网站用不同的视觉方式表达主题，使网站风格与企业文化背景完全融合。

网站注重色彩的搭配和创新的意识，通过内容创新、沟通方式的创新、品牌体验的创新有效吸引消费者，像笔记本式的翻看网站中德内容，让人有赏心悦目的感受。而不经意间播放完的广告，没带来浏览客户的反感，带来是另一份感受：亲切、留恋和期盼。网站用 5 秒的时间留住了浏览者的信任，在注重企业产品的特点的同时实施网络营销，尽可能地体现其咖啡领域的专业性和可信度。雀巢曾经发起"咖啡玩上'饮'漫画总动员"活动，倡导消费者创作雀巢咖啡即饮饮料和你的趣味故事，并奉上众多时尚大奖，借雀巢咖啡即饮饮料更换新包装之机，以网络为平台掀起新一轮品牌推广，让品牌形象深深地植入人们的心中，实现了提升了产品市场价值的目标。

图 5-8 雀巢咖啡网站

任务 5.2 网站配色选择

任务描述

无论是平面设计还是网页的设计，他们都是一种特殊的视觉设计，对色彩有较高的依赖性，因此色彩设计是网站风格设计的决定因素之一。确定了网站配色就基本确定了网站的风格，在它们相互作用下，别具一格的网站就诞生了。如欧泊莱化妆品公司（中国）网站，其使用粉色作为了主色调，代表了品牌的高贵、典雅以及甜蜜；再如海尔集团使用中性色绿色为主色调，代表企业有一种充满朝气又不失自己的创新精神；Intel 网站使用的是接近于天蓝的蓝色为主色调……这些都是在突出自己的风格。因此对于网页而言色彩这"看得见"的视觉元素，如何合理地选择和配置，尤为重要。

本任务结合上节内容，分析企业网站的风格设计和首页布局、用色等。

知识引入

5.2.1 色彩基础

在浏览网站时，视觉上的感受是决定浏览者是否继续浏览的重要因素。一种颜色决定一种文化，网站想要留大多数的浏览者，想展示自己的文化，就需要进行合理的配色后来获得自己的特定客户群。首先来了解一下色彩的基础知识，再来做色彩的选定。

1．色彩的 RGB 模式

RGB 表示红色、绿色、蓝色，又称为三原色，英文为 R(Red)、G(Green)、B(Blue)，如图5-9所示，在电脑中，RGB 的"多少"是指亮度，并使用整数来表示。通常情况下，R、G、B 各有 256 级亮度，用数字表示为从 0、1、2～255。

网页中其他的色彩都可以用这 3 种颜色调和而成，其除了用颜色名称表达外，就用这 3 原色的数值大小来表示，为红、绿、蓝色的组合。如红色 color(255,0,0)，十六进制表示为（#ff0000），再如 bgcolor="#ffffff"'"表示背景色为白色。

2．色彩的 HSB 模式

HSB 指颜色分为色相、饱和度、明度，又称三要素，英文为 H(Hue)、S（Saturation）B（Brightness)。当饱和度高时色彩较艳丽，反之色彩就接近灰色。当明度高时色彩明亮，反之色彩暗淡。明度最高得到纯白，最低得到纯黑。一般浅色的饱和度较低，亮度较高，而深色的饱和度高而亮度低。

颜色可以分为非彩色和彩色两大类。非彩色指黑色、白色和各种深浅不一的灰色，而其他所有颜色均属于彩色。任何一种色彩都具有明度、纯度、饱和度这 3 大属性。

（1）色相（Hue）

也称为色调，是颜色的种类和名称、相貌，也是指颜色的基本特征，更是一种颜色区别于其他颜色的因素。色相和色彩的强弱及明暗没有关系，只是纯粹表示色彩相貌的差异。图5-10所示，基本色相是红、橙、黄、绿、蓝、紫6种基本色相。在各色中间加插一两个中间色，按光谱顺序为红、橙红、橙、黄、黄绿、绿、绿蓝、蓝、蓝紫、紫、红紫,形成十二色相环。

图 5-9　三原色

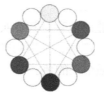

图 5-10　基本色相环

在十二色相环中，橙、绿、紫 3 种颜色称为"三间色"，也叫"二次色"。它是由三原色中的两种原色调配出的颜色。红与黄调配出橙色，黄与蓝调配出绿色，红与蓝调配出紫色。在二次色的调配过程中，由于原色分量取值的不同，能产生丰富的间色变化。其视觉刺激的强度相对三原色来说缓和不少，属于较易搭配的颜色，容易带来轻松、明快、愉悦的气氛。

另外还有复色，由原色与间色相调或由间色与间色相调而成的"三次色"，复色纯度最低，含灰色成分。复色包括了除原色和间色以外的所有颜色。复色是由两种间色或原色与间色相混合而产生的颜色，呈灰色阶，视觉冲击力更弱，柔和但是使人沉闷压抑。复色调配好后，可体现出高层次高素养的成熟魅力，称为高级灰，是很经看的颜色。

（2）明度

也称为亮度，是颜色的深浅、明暗程度。不同的颜色，反射的光量强弱不一，会产生不同程度的明暗，当明度高时色彩更亮。非彩色的黑、灰、白较能形象地表达这一特质。

（3）纯度

也称为饱和度，是色彩的鲜艳程度。原色的纯度最纯，颜色混合越多纯度越低。如某一鲜亮的颜色，加入了白色或者黑色，使得它的纯度降低，颜色趋于柔和、沉稳。

3．色彩的象征性

（1）黄色

黄色是明亮的颜色，具有愉快、希望、智慧和轻快的个性。其明度最高，给人性格冷漠、高傲、敏感、具有扩张和不安宁的视觉印象，是各种色彩中最为娇气的一种色，因而在儿童和商业网站中广泛应用。

（2）橙色

橙色具有轻快、欢欣、收获、温馨、时尚的效果，是快乐、喜悦、能量的色彩。在整个色谱里，橙色具有较高的兴奋度，具有健康、富有活力、勇敢自由等象征意义，是耀眼的、充满活力的色彩。给人以华贵、温暖、兴奋、热烈的感觉。

（3）红色

一种激奋的色彩，色感温暖，性格刚烈而外向，是一种对人刺激很强的色，给人热情、活力的感觉。其容易引起人的注意，也容易使人兴奋、激动、紧张、冲动，较易使人视觉疲劳。因而很多网站中将红色做强调色，达到刺激人们眼球的效果。

（4）绿色

绿色是植物的颜色，介于冷暖两种色彩的中间，它具有黄色和蓝色两种成份的颜色，将黄色的扩张感和蓝色的收缩感进行调和，将黄色的温暖感与蓝色的寒冷感相抵消。绿色是柔顺、恬静、满足、优美的颜色，给人和睦、宁静、健康、安稳的感觉。

（5）蓝色

蓝色是最凉爽、清新、专业的色彩。其朴实、内向的性格，常为那些性格活跃、具有较强扩张力的色彩提供一个深远、广阔、平静的空间，成为衬托活跃色彩的最佳助手。蓝色还是一种在淡化后仍然能保持较强个性的色。

（6）紫色

紫色的明度在有彩色的色料中是最低的，它的低明度给人一种沉闷、神秘的感觉。

（7）灰色

灰色是非彩色却具有独特的魅力，有平稳缓和的气质，是有中庸、平凡、温和、谦让、中立和高雅感觉的色彩。其谦和内敛的特性决定了不同明度的灰色可作为辅佐色存在在网页中，实现把刺激耀眼的颜色柔和化，降低张扬耀眼的视觉感，达到调和的效果。

（8）黑色

黑色是个性的颜色。它是暗色，纯度、色相、明度最低，具有深沉、神秘、寂静、悲哀、压抑的感受。

（9）白色

白色色感光明，性格朴实、纯洁、快乐，具有圣洁的不容侵犯性，给人洁白、明快、纯真、清洁的感觉。如果在白色中加入其他任何色，都会影响其纯洁性，使其性格变得含蓄。

4．网页的色调

网页页面总是由具有某种内在联系的各种色彩组成一个完整统一的整体，可形成画面色彩总的趋向，称为色调，也可以理解为色彩状态，是影响配色视觉效果的决定因素。

为了使网页的整体画面呈现稳定协调的感觉，我们从视觉角色主次位置的角度分出以下几个概念，以便在网页设计配色时更容易操纵网页的整体视觉效果。

（1）主色调

主色调是指页面色彩的主要色调和总体趋势，其他配色不能超过该主要色调的视觉面积，除白色背景外，因为白色不一定根据视觉面积决定，可以根据页面的感觉需要决定。

（2）辅色调

辅助色是仅次于主色调的视觉面积的色彩，是烘托主色调、支持主色调，是融合主色调效果的色调。

（3）点睛色

点睛色是在小范围内突出主题效果的强烈色，使页面更加鲜明生动。

（4）背景色

背景色是衬托环抱整体的色调，起到协调、支配整体的作用。

例 5-1：在地址栏中输入 http://www.dpm.org.cn/index1024768.html，来看下故宫博物院的页面效果，分析其使用的色调。

其对应的色调如图 5-11 所示，主色调为黑色，辅助色为红色，点睛色为古铜色与深蓝色，背景色为黑色。

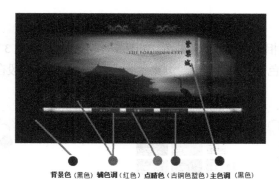

背景色（黑色）辅色调（红色）点睛色（古铜色蓝色）主色调（黑色）

图 5-11　故宫博物院网站

5.2.2　色彩搭配原则与技巧

网页色彩总的应用原则是"总体协调，局部对比"，即网页的整体色彩效果应该是和谐的，只有局部的、小范围的地方可以加入一些强烈色彩的对比。以这样的应用原则为基础，应用好色彩的象征性、职业的标志色、心理感觉、民族性这些特性，选择出优秀的配色方案，会另网页更具有深刻的艺术内涵，从而提升网页的文化品位。

1．常见的配色方案

（1）近似色

近似色是已给出的颜色之外的任何一种接近的颜色，也是色环中距离为 0～60° 的颜色。它主要指在同一色相中不同的颜色变化。如图 5-12 所示橙色的近似色是红色与黄色。

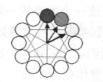

图 5-12　近似色及配色

（2）补充色

补充色又称对比色，是指色环中与环中心对称，在 180° 位置直接相对的颜色，如图 5-13 所示。如果想要使网站中的色彩强烈突出，富有冲击力，可选择对比色。

图 5-13　补充色

（3）分离补色

分离补色指由 2～3 种颜色组成的颜色。在色环上选择一种颜色，它的补色就在色环的另一面。可以使用补色旁边的一种或多种颜色。这样的一组颜色称为分离补色，如图 5-14 所示。分离补色的搭配可以起到类似补充色的强烈对比作用，但又有近似色的缓冲，可以使页面效果更加柔和。

（4）组色

组色是色环上距离相等的任意 3 种颜色，如图 5-15 所示。因为是 3 种颜色形成的对比关系，所以当组色被用作一个色彩主题时，会对浏览者造成紧张的情绪。一般在商业网站中，不采用组色的搭配。

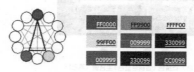

图 5-14　分离补色　　　　　　　　　　图 5-15　组色

2．色系的选择

（1）冷色调

冷色调来自蓝色色调，如图 5-16 所示的色环上的蓝色、青色和绿色。冷色调是设计中较常用的颜色，也是大自然之色，带来一股清新、祥和、安宁的空气。

单纯的冷色系搭配视觉感比暖色系舒适，不易造成视觉疲劳。同时它们对色彩主题起到冷静作用，所以企业希望给客户一种沉稳、专业的印象时，可用这类色调做页面的背景。

图5-16　色环上的冷色

图5-17　色环上的暖色

（2）暖色调

暖色由红色色调组成，如图5-17所示的色环上的红色、橙色和黄色。它们会带给人温暖、舒适和活力的感受，也会产生一种色彩向浏览者显示或移动、并从页面中突出出来的可视化效果。如果企业希望展示给客户的是一种温暖、温馨的形象，可选择暖色调制作企业的网站。而高明度高纯度的色彩搭配，可以把页面表达得鲜艳炫目，有非常强烈刺激的视觉表现力。

3．色彩搭配的原则

① 网页的色彩要鲜艳，容易引人注目。

② 要有与众不同的色彩，使大家印象强烈。

③ 色彩和要表达的内容气氛相适合，如用粉色体现女性站点的柔性。

④ 不同色彩会产生不同的联想，蓝色想到天空，黑色想到黑夜，红色想到喜事等，选择色彩要和网页的内涵相关联。

4．色彩搭配的技巧

（1）用一种色彩

网页用一种色彩是指先选定一种色彩，然后调整透明度或者饱和度，即将色彩变淡或者加深，产生新的色彩应用于网页。这样的网页看起来色彩统一，有层次感。

（2）用两种色彩

网页用两种色彩是指先选定一种色彩，然后选择它的对比色做色相对比。在一定条件下，不同色彩之间的对比会有不同的效果。在一般人们的印象中，色彩对比主要是红绿、橙蓝、黄紫色的对比，而实际色彩对比范畴不局限于这些。色彩的对比是指各种色彩的界面构成中的面积、形状、位置以及色相、明度、纯度、冷暖之间的差别。网页的两种色彩的应用，会使网页色彩增添了许多变化，页面更加丰富多彩，如 www.havaianas.com、www.dol.cn 等都用对比进行了处理。

（3）用一个色系

网页用一种色系是指用一个感觉的色彩，进行调和，达到协调统一。通常在同一个色相内，用类似色或渐变色的不同稍微加以区别，产生极其微妙的韵律美，如图5-18所示。为了不至于让整个页面过于单调平淡，有些页面可加入极其小的其他颜色做点缀，这是网页最稳妥的色彩搭配方法。如采用淡蓝、淡黄、淡绿色搭配，或者土黄、土灰、土蓝搭配这都是用一个色系。确定色彩的方法各有不同，也可以通过在 Photoshop 里配色，在跳出的拾色器窗中选择"自定义"，然后在"色库"中选就可以了。如 www.macromedia.com 等用调和色系进行了处理。

图 5-18　同色系

（4）黑色的使用

黑色是一种特殊的颜色，如果使用恰当，设计合理，往往产生很强烈的艺术效果。其一般用作背景色，与其他纯度色彩搭配使用。黑色的运用很难掌握，如果掌握不好，页面会糟糕到极点，因此初学者需慎用。

（5）背景色的使用

背景色一般采用素淡清雅的色彩，避免采用花纹复杂的图片和饱和度很高的色彩，同时背景色要与文字的色彩对比尽量强烈一些，以突出主要的文字内容。

（6）色彩的数量

一般初学者在设计网页时经常会使用多种颜色，使网页变得很"花"，但实际上网页会缺乏统一性和协调性。网页表面上看起来很花哨，但缺乏内在的美感。事实上，网站用色并不是越多越好，一般控制在 3 种色彩以内，通过调整色彩的各种属性来产生变化。

5．色彩搭配的标准方案

（1）黄色的搭配

黄色中加入少量的蓝，会转化为一种鲜嫩的绿色，其高傲的性格也随之消失，趋于一种平和、潮润的感觉；黄色中加入少量的红，则具有明显的橙色感觉，其性格也会从冷漠、高傲转化为一种有分寸感的热情、温暖；黄色中加入少量的黑，色感和色性变化最大，有一种具有明显橄榄绿的复色印象，其色性也变得成熟、随和；黄色中加入少量的白，色感变得柔和，冷漠、高傲的性格被淡化，趋于含蓄，易于接近。如 www.bernhardwolff.com、www.paralotna.pl、www.chinaylq.com 等都是这个色系的网站。

（2）红色的搭配

红色中加入少量黄，会使其热力强盛，趋于躁动、不安；红色中加入少量蓝，会使其热性减弱，趋于文雅、柔和；红色中加入少量黑，会使其性格变得沉稳，趋于厚重、朴实；红中加入少量的白，会使其性格变的温柔，趋于含蓄、羞涩、娇嫩。如 www.cn-fish.com、www.luckystarcafe.com、www.hercity.com 等都是这个色系的网站。

（3）绿色的搭配

绿色中黄的成分较多时，其性格趋于活泼、友善，具有幼稚性；绿色中加入少量的黑，其性格就趋于庄重、老练、成熟；绿色中加入少量的白，其性格就趋于洁净、清爽、鲜嫩；绿色中加入少量金黄、淡白搭配，可以产生优雅、舒适的气氛。如 www.bacardimojito.com、www.shehouse.we.tv、www.liuxiang.sports.cn 等都是这个色系的网站。

（4）蓝色的搭配

蓝色中分别加入少量的红、黄、黑、橙、白等色，均不会对蓝色的性格构成较明显的影响力。蓝色中加入少量的白色，能体现柔顺，淡雅，浪漫的气氛（像天空的色彩）。如 www.ro-audio.com、www.gentverwent.be、www.faw-vw.com 等都是这个色系的网站。

（5）紫色的搭配

紫色中红的成分较多时，其知觉具有压抑感、威胁感；紫色中加入少量的黑，其感觉就趋于沉闷、伤感、恐怖；紫色中加入白，可使紫色沉闷的性格消失，变得优雅、娇气，并充满女性的魅力。如 www.kidskandoo.com、www.dinis91.com 都是这个色系的网站。

（6）灰色的搭配

灰色常处理为不断变化的灰色背景，前景使用面积较少的纯色点缀，会产生平衡色彩的呼应作用，产生雅致和谐的视觉美感。如 www.ctans.com、www.stylestation.net、www.1024media.com 等都是这个色系的网站。

（7）黑色的搭配

黑色是个性的颜色，也是最有力的搭配色，与许多色彩构成良好的对比调和关系，运用非常广泛。如 www.visualade.com、www.bestofvideosites.com/ 、www.jpggrupo.com.ar 等都是这个色系的网站。

（8）白色的搭配

白色中加入少量红，会成为淡淡的粉色，鲜嫩而充满诱惑；白色中加入少量的黄，则成为一种乳黄色，给人一种香腻的印象；白色中加入少量的蓝，给人感觉清冷、洁净；白色中加入少量的橙，有一种干燥的气氛；白色中加入少量的绿，给人一种稚嫩、柔和的感觉；白色中加入少量的紫，可诱导人联想到淡淡的芳香。如 www.gongchang.com、www.apple.com、www.lesseverything.com 等都是这个色系的网站。

6．色彩搭配的注意事项

（1）特色鲜明

一个网站的用色必须有自己独特的风格，要与表现的内容相和谐，还要考虑浏览人群的年龄、层次等特点，才能给人留下个性鲜明、主题突出、和谐自然的深刻印象。

（2）搭配合理

网页设计虽然属于平面设计的范畴，但它又与其他平面设计不同，它需要在遵从艺术规律的同时，还考虑人的生理特点，来进行合理的色彩搭配，给人一种和谐、愉快的感觉。

在页面设计配色时，应根据主题内容主次需要，依据颜色各自的功能角色、面积使用的多少，加上冷暖的适度安排，纯度明度的合理变化，得心应手地完成网页配色。

（3）讲究艺术性

网站设计也是一种艺术活动，因此它必须遵循艺术规律，在考虑到网站本身特点的同时，按照内容决定形式的原则，大胆进行艺术创新，设计出既符合网站要求，又有一定艺术特色的网站。

任务实施

本次的企业网站的结构设计与风格设计定位体现为以下4方面。

1. 颜色风格

网站主要体现企业沉静踏实工作、热情销售服务的特点，因此选择主色调为蓝色，白色为辅助色，黑色为背景色，并点缀少许红色等色彩，打造出清新、爽朗又温暖的感觉。页面中的文字、栏目等都以深蓝色进行设计，链接以橙色进行设计。

2. 布局风格

网站首页采用了国型布局模式，主要体现网站提供的信息。内容页采用了匡型布局模式，即拐角型布局模型，体现各个内容页的不同信息。

3. 内容结构风格

对于企业宣传型网站来说，展示自身的最好方式就是事实，因此在页面中采用了大量的图片，让浏览者亲身体会到企业的实力与水平。

4. 语言风格

由于本网站暂时为区域型经济，语言采用中文版。

网站在设计上根据客户需求，其风格设计主要体现在以下几方面。

① 确保形成统一的界面风格。网页上所有的图像、文字，包括背景颜色、区分线、字体、标题、注脚等形成统一的整体。

② 确保网页界面的清晰、简洁、美观。这会导致更大的易用性。

③ 确保视觉元素的合理安排，让浏览者体验到视觉的秩序感、节奏感、新奇感。

项目实训

分析欧美风格的网站的特点，并针对 NBA 网站和微软公司网站包括色调、色系、布局等特点进行的分析，并对自己设计的网站首子页进行构建，设计的风格和配色方案用设计说明书说明。

习题

1. 网页的基本组成元素有哪些？
2. 最常见的结构布局方式有哪几种？其各自的特点是什么？
3. 确定网站风格时如何定位网站的类型？
4. 色彩的三要素是什么？
5. 在进行网页设计时，选色时需考虑哪些色调？
6. 常见的配色方案有哪些？推荐每种配色方案下的优秀网站，并说明原因。
7. 色彩搭配时需注意哪些问题？
8. 选出个人最喜欢的网站，并说明其网页布局与色彩搭配等设计要素。

PART 6

项目 6
服务中心栏目设计

知识目标

1. 掌握表格、行、列的标记与使用方法。
2. 掌握表格的各属性设置与处理方法。
3. 掌握用表格布局的基本技巧。
4. 掌握表格间的嵌套处理。
5. 掌握模板的创建、应用与管理。

能力目标

1. 具备制作有表格的网页的能力。
2. 具备用表格进行高级排版的能力。
3. 具备分析和处理网页布局的能力。
4. 具备用已有网页生成为模板的能力。
5. 具备用模板生成统一风格网站的能力。

学习导航

本项目采用表格完成网站中服务中心的用户调查表网页和服务中心子首页的布局设计，并用模板实现服务中心栏目下格式相近而内容不完全相同的各子页。项目在企业网站建设过程中的作用如图 6-1 所示。

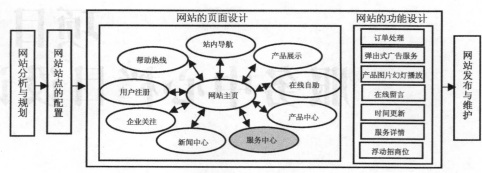

图 6-1　学习导航图

任务 6.1　用户问卷调查页面设计

任务描述

对企业而言，网站是一个企业和用户之间的沟通平台。网站中需要提供一个用户问卷调查的页面，满足企业客户的信息输入和企业客户对企业产品、对企业提供服务的满意度的信息反馈，从而及时调整和改善企业的服务水平。

本任务通过编写 HTML 源代码设计网页，在网页中加入了表格并产生如图 6-2 所示的网页效果。

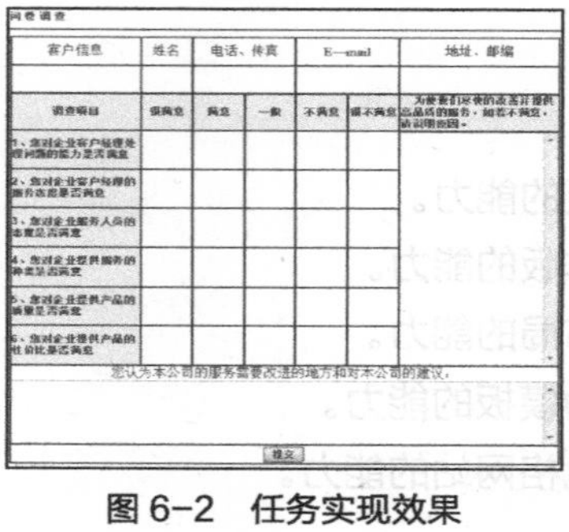

图 6-2　任务实现效果

知识引入

6.1.1　表格基本处理

表格在网页制作中是很重要的内容，使用表格最大的优点是以行、列对齐的形式在确定的位置中组织、显示文字、数字与图像信息，使一些数据信息更容易浏览。因而表格在页面布局方面应用非常广泛。

1．表格的基本结构

对于表格而言，一小格为单元格，水平方向的一排单元格为一行，垂直方向的一排单元格为一列，图 6-3 所示的就是一个三行三列的简单表格。网页中有这样的一个表格，其基本格式为：

简单的表格

表头1	表头2	表头n
表项1	表项2	表项n
表项1	表项2	表项n

图 6-3　简单表格示例

```
<table border="1" width="500px">
    <option>简单的表格</option>
    <tr>
        <th>表头 1</th><th>表头 2</th>…<th>表头 n</th></tr>
    <tr>
        <td>表项 1</td><td>表项 2</td>…<td>表项 n</td></tr>
    <tr>
        <td>表项 1</td><td>表项 2</td>…<td>表项 n</td></tr>
    …
</table>
```

给表格加上有立体感的表边框，调节表元素边线和元素内的数据之间的空白间距、变化表格元素边线的宽度，制作的表格会更生动、更美观。

2．表格各标记

（1）创建表格标记：<table></table>

用于创建一个表格。其书写格式如下：

<table [bgcolor="颜色" background="背景图像" summary="说明信息" border="粗细" bordercolor="颜色" bordercolorlight="颜色" bordercolordark="颜色" cellspacing="粗细" cellpadding="距离" width="值/值%" height="值" frame="线型" rules="线型"]>文本</table>

bgcolor：用于设置表格的背景色。

background：用于设置表格的背景图像。

border：用于定义表格边框的粗细，取整数，单位为像素。

bordercolor：用于定义表格边框的颜色。

bordercolorlight：用于定义表格亮边框的颜色。

bordercolordark：用于定义表格暗边框的颜色。

cellspacing：用于调节表单元线与边框间的空白。默认其值为 1。

cellpadding：用于调节表单元线和数据之间的距离。默认其值为 1。

width：用于设置表格的宽度。

height：用于设置表格的高度。

frame：用于设置表格外边框线。其值有 9 种：void（无边框）、above（仅顶框）、below（仅底框）、hsides（仅顶框底框）、vsides（仅左侧框）、lhs（仅右侧框）、rhs（仅左右框）、box（全部边框）、border（四周，默认）。

rules：用于设置表格内边框线。其值在 border 设置边框后使用，有 5 种属性值：none（无格线）、groups （仅在行组和列组间有格线）、rows（仅有行间格线）、cols（仅有列间格线）、

all（有行和列格线，默认）。

summary：用于表格的说明信息。

（2）行标记：<tr></tr>

用于定义表格的一行。其书写格式如下：

```
<tr [align="对齐方式" valign="对齐方式" bgcolor="颜色"]>…</tr>
```

【属性】

align：用于设置表格一行的表数据项的水平对齐方式。其值有 3 种：left（居左，默认）、right（居右）、 center（居中）。

valign：用于设置表格一行的表数据项的垂直对齐方式。其值有 4 种：top、middle、bottom、baseline（按基线对齐）。

bgcolor：用于设置表格一行的背景色。

（3）列标记：<td></td>

用于定义表格某行中的一个单元格。其书写格式如下：

```
<td>单元格内容</td>
```

【属性】

bgcolor：用于设置单元格背景色。

align：用于设置单元格水平对齐方式。取值同前面的 align。

valign：用于设置单元格垂直对齐方式。取值同前面的 valign。

bodercolordark：用于设置表格单元边框的颜色。

width：用于设置表格单元格的宽度。

height：用于设置表格单元格的高度。

colspan：用于设置单元格的水平方向合并。其值为合并数。

rowspan：用于设置单元格的垂直方向合并。其值为合并数。

（4）列标题标记：<th></th>

用于在表的第一行或第一列加表头，字体为醒目的粗体且居中。其书写格式如下：

```
<th></th>
```

【属性】

同<td>标记，此处略。

（5）表题标记：<caption></caption>

用于表格的内容声明。其书写格式如下：

```
<caption align="位置">表题</caption>
```

【属性】

align：用于设置表题放在相对表的位置。其值有 4 种：top（上部，默认）、bottom（下部）、left（左侧）、right（右侧）。

例 6-1：建立一个标题为"我最喜欢的照片"的表，表的左边是可浏览电脑的文件域，右边是一幅居中的图片。

```
<table width="470px" border="1" height="100px" align="center">
```

```
<caption align="top">
  <font color="#336699">我最喜欢的相片</font>
</caption>
<tr>
  <td width="235px">
    <form id="form1" name="form1">
      <input type="file" name="fileField" id="fileField" />
    </form>
  </td>
  <td width="235px" align="center">
    <img src="imgs/1.jpg" width="100px" height="76px" />
  </td>
</tr>
</table>
```

运行结果如图6-4所示。

图6-4 运行例6-1后的网页

例6-2：建立一个边框为10px、单元格与边框空白20px、单元格间距为5px的表。

```
<table width="300px" height="151px" border="10px" cellpadding="20px"
cellspacing="5px">
  <tr>
    <td bgcolor="#33CCFF" width="280px">单元格中的内容与边框的距离为20px,单元格
之间白色的部分即是单元格间距为5px</td>
    <td bgcolor="#CCCC00"> </td>
  </tr>
</table>
```

运行结果如图6-5所示。

图6-5 运行例6-2后的网页

例6-3：建立一个标题为成绩单、只有顶部外边框、内部有列框的两行三列的表。

```
<table width="270" border="1" align="center" bordercolor="#6699cc"
frame="above" rules="cols">
   <caption align="top">成绩单</caption>
   <tr>
    <td height="30">语文</td>
    <td height="30">数学</td>
    <td height="30">英文</td>
   </tr>
   <tr>
    <td height="30">80</td>
    <td height="30">88</td>
    <td height="30">85</td>
   </tr>
</table>
```

运行结果如图 6-6 所示。

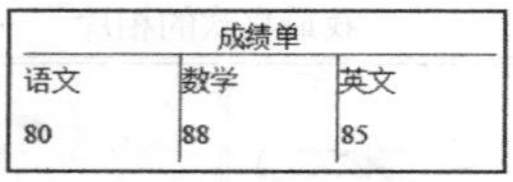

成绩单		
语文	数学	英文
80	88	85

图 6-6　运行例 6-3 后的网页

例 6-4：建立标题为二月、所有内容居中的月历表。将第一行的内容加粗，背景设为蓝色；第六、七列的内容背景设为黄色，其他背景设为浅绿色。且将表格边框设为 5px，暗边框为蓝色，亮边框为红色。

```
<table width="350"  border="5" bordercolorlight="red" bordercolordark="blue"
align="center">
   <caption align="top">二月</caption>
   <tr bgcolor="#CCFFCC">
    <th height="35" bgcolor="#00CCFF">日</th><th height="35"
bgcolor="#00CCFF">一</th>
    <th height="35" bgcolor="#00CCFF">二</th>
    <th height="35" bgcolor="#00CCFF">三</th>
    <th height="35" bgcolor="#00CCFF">四</th>
    <th height="35" bgcolor="#FFCC99">五</th>
    <th height="35" bgcolor="#FFCC99">六</th>
   </tr>
   <tr align="center" valign="middle" bgcolor="#CCFFFF">
    <td height="35"> </td><td height="35"> </td>
    <td height="35"> </td><td height="35"> </td>
    <td height="35"> </td><td height="35" bgcolor="#FFCC99"> </td>
```

```
    <td height="35" bgcolor="#FFCC99">1</td>
   </tr>
  <tr align="center" valign="middle" bgcolor="#CCFFFF">
   <td height="35">2</td><td height="35">3</td>
   <td height="35">4</td><td height="35">5</td>
   <td height="35">6</td><td height="35" bgcolor="#FFCC99">7</td>
   <td height="35" bgcolor="#FFCC99">8</td>
   </tr>
  <tr align="center" valign="middle" bgcolor="#CCFFFF">
   <td height="35">9</td><td height="35">10</td>
   <td height="35">11</td><td height="35">12</td>
   <td height="35">13</td><td height="35" bgcolor="#FFCC99">14</td>
   <td height="35" bgcolor="#FFCC99">15</td>
   </tr>
  <tr align="center" valign="middle" bgcolor="#CCFFFF">
   <td height="35">16</td><td height="35">17</td>
   <td height="35">18</td><td height="35">19</td>
   <td height="35">20</td><td height="35" bgcolor="#FFCC99">21</td>
   <td height="35" bgcolor="#FFCC99">22</td>
   </tr>
  <tr align="center" valign="middle" bgcolor="#CCFFFF">
   <td height="35">23</td><td height="35">24</td>
   <td height="35">25</td><td height="35">26</td>
   <td height="35">27</td><td height="35" bgcolor="#FFCC99">28</td>
   <td height="35" bgcolor="#FFCC99"> </td>
   </tr>
</table>
```

运行结果如图 6-7 所示。

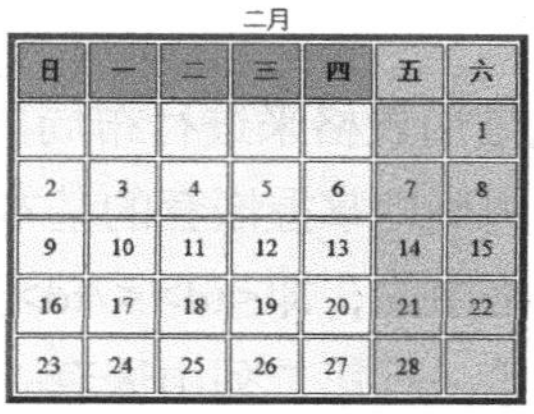

图 6-7　运行例 6-4 后的网页

例 6-5：建立一个标题为课程表的表，设置表边框为 2，单元格之间、单元格与边框之间没有距离，同时将第一行的前两列合并，第二、三行的第一列合并。

```
<table border="2" background="imgs/1.jpg" bordercolor="#336699"
cellpadding="0" cellspacing="0">
    <caption><h2>课程表</h2></caption>
    <tr>
      <th height="28" colspan="2"> </th><th>星期一</th><th>星期二</th>
      <th>星期三</th><th>星期四</th><th>星期五</th>
    </tr>
    <tr>
      <th rowspan="2">上午</th>
      <th height="27">第一二节</th>
      <td>数学</td><td>英语</td><td>数学</td><td>英语</td><td>哲学</td>
    </tr>
    <tr>
      <th height="28">第三四节</th>
      <td>英语</td><td>计算机</td><td>计算机</td><td> </td><td>计算机</td>
    </tr>
    <tr>
      <th height="28">下午</th>
      <th>第五六节</th>
      <td>计算机</td><td> </td><td>英语</td><td>计算机</td><td> </td>
    </tr>
</table>
```

运行结果如图 6-8 所示。

图 6-8　运行例 6-5 后的网页

6.1.2　表格嵌套处理

如果要做复杂一点的表格，或是用表格来进行布局页面，一定需要用上表格的嵌套。而嵌套前一定要条理清晰，并且必须明确地掌握嵌套的基本原则。

嵌套的子表格一定是放在单元格中的，即<td></td>这对标记里。

如在一个一行多列的表格中的第一行第二列中嵌套一个两行两列的表的格式如下：

```
<table border="1" width="500px">
    <option>嵌套的表格</option>
    <tr>
      <td width="100px">表项 1</td>
```

```
        <td width="200px">
         <table border="1" width="100%">
          <tr>
           <td>子表项 1</td><td>子表项 2</td>
          </tr>
          <tr>
           <td>子表项 3</td><td>子表项 4</td>
          </tr>
         </table>
        </td>
      …<td>表项 n</td>
      </tr>
</table>
```

例 6-6：制作一个故事丛书表，表的左边是丛书的类别，表的右边是丛书类别中的成语故事的精选成语。

```
<table width="400px" height="178" border="0" align="center">
    <caption align="top">
      <font color="#336699">允许下载</font>
    </caption>
    <tr>
      <td width="25%" height="174" bordercolor="#FFFF00" bgcolor="#aaccff">
      <table width="90%" border="1" align="center" cellspacing="0"
bordercolor="#9966FF">
        <tr>
         <td height="30" align="center" valign="middle">寓言故事</td>
        </tr>
        <tr>
         <td height="30" align="center" valign="middle">古诗词</td>
        </tr>
        <tr>
         <td height="30" align="center" valign="middle">
           <a href="#">成语故事</a></span>
         </td>
        </tr>
        <tr>
         <td height="30" align="center" valign="middle">神话故事</td>
        </tr>
      </table>
```

```
    </td>
    <td bgcolor="#cceeff">
     <p>塞翁失马 <br />弄巧成拙 <br />破釜沉舟 <br />千里之行，始于足下 <br />
        黔驴技穷 <br /> 青出于蓝，而胜于蓝<br />请君入瓮 <br />孺子可教<br />
     </p>
    </td>
    </tr>
</table>
```

运行结果如图 6-9 所示。

图 6-9　运行例 6-6 后的网页

任务实施

1. 启动 Dreamweaver CS6，新建一个 HTML 文件。
2. 在代码窗口中的<body></body>这对标记内输入代码，内容如下所示。

```
<strong>
    <font face="Arial, Helvetica, sans-serif" size="-1">问 卷 调 查</font>
</strong>
<hr color="#336699">
<form name="form1">
    <table cellspacing="0" width="597px" cellpadding="0" border="1"
bordercolor="#dbdeed">
     <tr >
      <td align="center" valign="middle" height="35">客户信息</td>
      <td align="center" valign="middle">姓名</td>
      <td colspan="2" align="center" valign="middle">电话、传真</td>
      <td colspan="2" align="center" valign="middle">E—mail</td>
      <td align="center" valign="middle">地址、邮编</td>
     </tr>
     <tr >
      <td align="center" valign="middle" height="35"> </td>
      <td align="center" valign="middle"> </td>
      <td colspan="2" align="center" valign="middle"> </td>
```

```
        <td colspan="2" align="center" valign="middle"> </td>
        <td align="center" valign="middle"> </td>
    </tr>
    <tr>
        <td width="150" align="center" valign="middle" bgcolor="#ebeffc"><font
face="Arial, Helvetica, sans-serif" size="-1" ><b>调查项目</b></font></td>
        <td width="58" align="center" valign="middle" bgcolor="#ebeffc"><font
face="Arial, Helvetica, sans-serif" size="-1" ><b>很满意</b></font></td>
        <td width="58" align="center" valign="middle" bgcolor="#ebeffc"><font
face="Arial, Helvetica, sans-serif" size="-1" ><b>满意</b></font></td>
        <td width="58" align="center" valign="middle" bgcolor="#ebeffc"><font
face="Arial, Helvetica, sans-serif" size="-1" ><b>一般</b></font></td>
        <td width="58" align="center" valign="middle" bgcolor="#ebeffc"><font
face="Arial, Helvetica, sans-serif" size="-1" ><b>不满意</b></font></td>
        <td width="58" align="center" valign="middle" bgcolor="#ebeffc"><font
face="Arial, Helvetica, sans-serif" size="-1" ><b>很不满意</b></font></td>
        <td width="157" align="center" valign="middle" bgcolor="#ebeffc"><font
face="Arial, Helvetica, sans-serif" size="-1" ><b>    为
使我们尽快地改善并提供高品质的服务，如若不满意，请说明原因。</b></font></td></tr>
    <tr>
        <td width="150" bgcolor="#ebeffc">
          <font face="Arial, Helvetica, sans-serif" size="-1" >
              <b>1、您对企业客户经理处理问题的能力是否满意</b>
          </font>
        </td>
        <td align="center" valign="middle" width="58"8> </td>
        <td align="center" valign="middle" width="58"> </td>
        <td align="center" valign="middle" width="58"> </td>
        <td align="center" valign="middle" width="58"> </td>
        <td align="center" valign="middle" width="58"> </td>
        <td width="157" rowspan="6" align="left" valign="middle">
          <textarea name="textarea2" id="textarea2" cols="20"
rows="20"></textarea>
        </td>
    </tr>
    <tr>
        <td width="150"  bgcolor="#ebeffc">
          <font face="Arial, Helvetica, sans-serif" size="-1" >
```

```
        <b>2、您对企业客户经理的服务态度是否满意</b>
      </font>
    </td>
  <td align="center" valign="middle" width="58"> </td>
  <td align="center" valign="middle" width="58"> </td>
  <td align="center" valign="middle" width="58"> </td>
  <td align="center" valign="middle" width="58"> </td>
  <td align="center" valign="middle" width="58"> </td>
</tr>
<tr>
  <td width="150" bgcolor="#ebeffc">
    <font face="Arial, Helvetica, sans-serif" size="-1" >
        <b>3、您对企业服务人员的态度是否满意</b>
      </font>
    </td>
  <td align="center" valign="middle" width="58"> </td>
  <td align="center" valign="middle" width="58"> </td>
  <td align="center" valign="middle" width="58"> </td>
  <td align="center" valign="middle" width="58"> </td>
  <td align="center" valign="middle" width="58"> </td>
</tr>
<tr>
  <td width="150" bgcolor="#ebeffc">
    <font face="Arial, Helvetica, sans-serif" size="-1" >
        <b>4、您对企业提供服务的种类是否满意</b>
      </font>
    </td>
  <td align="center" valign="middle" width="58" </td>
  <td align="center" valign="middle" width="58"> </td>
  <td align="center" valign="middle" width="58"> </td>
  <td align="center" valign="middle" width="58"> </td>
  <td align="center" valign="middle" width="58"> </td>
</tr>
<tr>
  <td width="150"  bgcolor="#ebeffc">
    <font face="Arial, Helvetica, sans-serif" size="-1" >
        <b>5、您对企业提供产品的质量是否满意</b>
      </font>
```

```
      </td>
      <td align="center" valign="middle" width="58"> </td>
      <td align="center" valign="middle" width="58"> </td>
      <td align="center" valign="middle" width="58"> </td>
      <td align="center" valign="middle" width="58"> </td>
      <td align="center" valign="middle" width="58"> </td>
    </tr>
    <tr>
    <td width="150" bgcolor="#ebeffc">
      <font face="Arial, Helvetica, sans-serif" size="-1" >
        <b>6、您对企业提供产品的性价比是否满意</b>
      </font>
     </td>
      <td align="center" valign="middle" width="58"> </td>
      <td align="center" valign="middle" width="58"> </td>
      <td align="center" valign="middle"width="58"> </td>
      <td align="center" valign="middle" width="58"> </td>
      <td align="center" valign="middle" width="58"> </td>
    </tr>
    <tr>
    <td height="93" colspan=7 valign="top" align="center">
        您认为本公司的服务需要改进的地方和对本公司的建议：<br/>
        <textarea name="textarea" id="textarea" cols="76"
rows="5"></textarea>
     </td>
    </tr>
    <tr>
    <td height="18" colspan="7" valign="top" align="center">
        <input type="submit" value="提交">
     </td>
    </tr>
  </table>
 </form>
```

3. 在文件菜单中选择保存后，找到你想要保存的文件路径，保存为**.html 文件后，运行查看网页效果并进行适当的修改和调试。

任务 6.2　服务中心栏目布局设计

任务描述

在浏览许多网站时，用表格布局的网页有许多，其优势在于能对不同的对象加以规则的排列处理，内容变得井井有条。如果在此基础上创建了模板，可实现更多地网页来套用相同的格式，达到快速地创建栏目下的子页的目标。

编写 HTML 源代码设计网页，产生如图 6-10 所示的效果。实现服务中心栏目的所有子网页都是网页上方 LOGO、主菜单等，左侧显示包括子栏目的菜单和联系方式等，右侧有详细内容的显示区和产品展示区，下方有其他分页进入的链接和版权通知等。

图 6-10　任务实现效果

知识引入

6.2.1　表格布局

在网页中，我们不仅仅只需加入前面所说的各类元素，还需要让网页变得更加生动、美观，这样需要将网页进行合理的的分区处理，实现网页的功能块划分。在例 6-6 中可以看到，表中的不同位置设置为不同的颜色时，已将一个表分成了三个区域。至于区域划分是否合理，则需要深入分析并解决。因而，我们从结构上来考虑一个 Web 页面，可以视其为一个大表格，整个页面划分为若干个区，可考虑是表中的每个单元格或多个单元格；而各个区域中填充具体的页面内容，则视为嵌套在其中的表，这样就能完成一个页面的整体区域规划了。

现以一个网页的布局效果如图 6-11 所示为例，来分析如何用表格实现这一网页布局。图 6-11 表明这个页面分成了上、中、下三个部分，中间分成了 3 个区域。用表格来实现这样的布局，有两种实现方法。

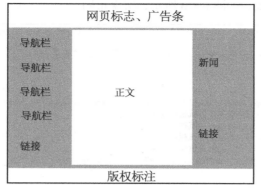

图 6-11　网页布局效果

1．实现方法一

使用三层表格嵌套。最外层用 3 行 1 列的表格，第 2 行嵌套一个 1 行 3 列的中间子表格，子表的第 1 列嵌套一个 6 行 1 列的表，子表的第 2 列嵌套一个 1 行 1 列的表，子表的第 3 列嵌套一个 2 行 1 列的表，如图 6-12 所示，实现布局。

```
<table bgcolor="#efac96" width="560px" border="0" cellspacing="0" cellpadding="0" align="center">
<tr>
<th width="528px" height="60px" bgcolor="#ffffff">网页标志、广告条</th>
</tr>
<tr>
<td height="330px">
<table border="0" cellspacing="0" cellpadding="0">
<tr><td height="330px">
<table width="100px" height="320px" border="0" align="center" cellpadding="1" cellspacing="1">
<tr align="center"><td><strong>导航栏</strong></td></tr>
<tr align="center"><td><strong>导航栏</strong></td></tr>
<tr align="center"><td><strong>导航栏</strong></td></tr>
<tr align="center"><td><strong>导航栏</strong></td></tr>
<tr align="center"><td height="90px"><strong>链接</strong></td></tr>
</table></td>
<td height="330px">
<table width="275px" height="320px" border="0" cellpadding="0" cellspacing="0">
<tr><td width="263px" bgcolor="#ffffff" align="center"><strong>正文</strong></td></tr>
</table></td>
<td height="330px">
<table width="157px" height="320px" border="0" cellpadding="0" cellspacing="0" align="center">
<tr align="center"><td width="136px" height="94px"><strong>新闻</strong></td></tr>
<tr align="center"><td width="136px" height="94px"><strong>链接</strong></td></tr>
</table></td>
</tr></table>
</td>
</tr>
<tr>
<td height="30px" bgcolor="#ffffff" align="center"><strong>版权标注</strong></td>
</tr>
</table>
```

图 6-12　表格布局实现方法一

2．实现方法二

使用两层表格嵌套。最外层用一个 3 行 3 列的表，第 1、3 行利用 colspan 属性完成合并成为一列。在第 2 行的第 1 列嵌套一个 6 行 1 列的表，第 2 列嵌套一个 1 行 1 列的表，第三列嵌套一个 2 行 1 列的表，如图 6-13 所示，实现布局。

```
<table bgcolor="#efac96" width="560px" border="0" cellspacing="0" cellpadding="0" align="center">
<tr>
<th colspan="3" height="69px" bgcolor="#FFFFFF">网页标志、广告条</th>
</tr>
<tr>
<td height="330px">
<table width="100px" height="321px" border="0" align="center" cellpadding="0" cellspacing="0">
<tr align="center"><td><strong>导航栏</strong></td></tr>
<tr align="center"><td><strong>导航栏</strong></td></tr>
<tr align="center"><td><strong>导航栏</strong></td></tr>
<tr align="center"><td><strong>导航栏</strong></td></tr>
<tr align="center"><td height="90px"><strong>链接</strong></td></tr>
</table></td>
<td width="275px">
<table width="275px" height="325px" border="0" cellpadding="0" cellspacing="0">
<tr><td width="263" bgcolor="#ffffff" align="center"><strong>正文</strong></td></tr>
</table></td>
<td width="163px">
<table width="157px" height="320px" border="0" cellpadding="0" cellspacing="0" align="center">
<tr align="center"><td width="136px" height="94px"><strong>新闻</strong></td></tr>
<tr align="center"><td width="136px" height="226px"><strong>链接</strong></td></tr>
</table></td>
</tr>
<tr>
<td colspan="3" height="30px" align="center" bgcolor="#FFFFFF"><strong>版权标注</strong></td>
</tr>
</table>
```

图 6-13   表格布局实现方法二

6.2.2   模板

模板是一种特殊类型的文档，用于设计锁定的页面布局，而基于模板创建的网页继承了模板的页面布局，形成统一结构与外观的网站。

在模板中，有可编辑区和不可编辑区。若要建立基于模板的网页，可在模板中定义可编辑区，这个区域的内容可以被修改。如果模板中未设置为可编辑区的区域，则模板生成的网页中这样的区域为不可编辑，即成为了不可编辑区。

模板可以批量制作网页，这些用模板创建的网页与模板保持链接状态，当修改模板时可以实现基于模板设计的网页批量更新，实现快速更新网站。

1．创建模板

创建模板有两种方法，一种是新建空白文档后创建模板，另一种是普通网页另存为模板来创建。有 3 种途径来进行创建。

（1）使用"资源"面板中的"新建模板"选项来创建模板

① 单击"资源"面板左侧的"新建模板" 图标，资源面板显示为模板面板。

② 再单击面板右上角的 按钮，弹出的下拉列表中选择"新建模板"选项来实现创建模板。如图 6-14 所示。

③ 在模板窗口的列表中可以修改模板文件名，默认 Untitled 名称，现修改为 model1。双击文件名可以打开修改文件的内容。

（2）使用"文件" | "新建"面板中的"新建模板"选项来创建模板

单击"文件"菜单的"新建"选项，会弹出如图 6-15 所示的新建文档的对话框，选择选项卡中的"空白页"选项或是"空模板"选项的"HTML 模板",选择布局或默认无布局形式来进行创建模板。

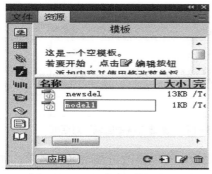

图 6-14　新建的模板

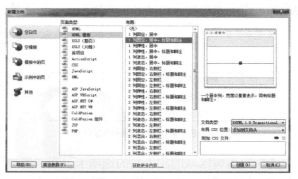

图 6-15　新建预制的模板文档对话框

（3）通过将一个普通网页另存为模板来创建模板

将现有的网页打开并修改好后,单击"文件"｜"另存为模板"选项,弹出如图 6-16 所示的"另存模板"对话框,在标签为"另存为"的文本框中修改模板的名称后单击"保存"按钮,将扩展名为.dwt 的新模板文件保存在站点本地根文件的 Templates 文件夹下,如果该文件夹在站点中不存在,Dreamweaver 将在保存新建模板时自动创建该文件夹。

如果模板文件没有可编辑区域,在保存时会弹出如图 6-17 所示的对话框,可以选择是否创建可编辑区域。

图 6-16　"另存模板"对话框

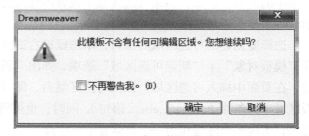

图 6-17　提示信息对话框

2．编辑模板

创建模板后,可以在模板中插入可编辑区域、可选区域和重复区域。

模板如果在没有插入可编辑区时文件的所有区域被锁定,则在保存时会有如图 6-17 所示的提示,在有应用模板的网页进行设计时就不可调整任何内容,建模板则失去了意义。因此,需要注意在模板中插入可编辑区或可编辑参数,这些区域不会被锁定,从而指定出基于模板的网页中哪些区域可以编辑,内容可以进行更改。

（1）可编辑区域

基于模板的文件中未锁定的区域就是可以编辑的区域。为了避免编辑时因误操作而导致的模板中的元素发生变化,模板中的内容默认为不可编辑。在建立模板并使模板生效时,在模板中的任意位置都可以设为可编辑区域,也是最少要包含的一个可编辑区域。

将光标放至设计窗口,单击鼠标右键或选择菜单中"插入"这一选项,选择"模板对象"｜

"新建可编辑区域"选项如图 6-18 所示，弹出如图 6-19 所示的"新建可编辑区域"的对话框，在标题为名称的文本框中输入可编辑区域的名称，单击"确定"按钮可创建一个以高亮颜色为边框、左上角有相应区域名称的矩形可编辑区域。

图 6-18 模板对象创建特定区域　　　图 6-19 "新建可编辑区域"对话框

选中可编辑区域的左上角的选项卡，在"属性"面板中可以修改可编辑区的名字。如果想将可编辑区再次锁定，可将光标置于可编辑区域内，选择"修改"菜单中的"模板"|"删除模板标记"，即可将可编辑区变为不可编辑区。

（2）可选区域

可选区域是模板中不一定在基于模板的页面中显示的内容。当想要为在网页中显示的内容设置条件时，可使用可选区域。这个区域有两种对象。

使用可选区域：可以显示和隐藏特别标记的区域，在这些区域中无法编辑内容，可以定义该区域在所创建的页面中是否可见。

使用可编辑可选区域：模板用户可以设置是否显示或隐藏该区域，并使用户可以编辑该区域中的内容。例如，如果可选区域中包含图像或文本，模板用户即可以设置该内容是否显示，并根据需要对该内容进行编辑。

选择要创建的可选区域的位置，单击鼠标右键或选择菜单栏中的"插入"这一选项，选择"模板对象"|"新建可选区域"选项，弹出"新建可选区域"对话框，单击"确定"按钮，在页面中插入可选区域。插入可选区域后，即可为模板设置有特定值的参数，也可为模板区域定义条件语句（if…else…语句）。同时，也可将多个可选区域与一个已命名的参数链接起来，实现多个区域作为一个整体显示或隐藏。

（3）可重复区域

它是模板的一部分，设置该部分可以使用户在必要时，在基于模板的文档中添加或删除重复区域的副本。重复区域通常与表格一起使用，但也可以为其他页面元素定义重复区域。使用重复区域，可以通过重复特定项目来控制页面布局，如目录项、说明布局或重复数据行。

选择要创建的可选区域的位置，单击鼠标右键或选择菜单栏中的"插入"这一选项，选择"模板对象"|"新建重复区域"选项，弹出"新建重复区域"对话框，单击"确定"按钮，在页面中插入重复区域。

3．保存模板

① Dreamweaver CS6 将模板文件以文件扩展名.dwt 保存在站点本地根文件夹的 Templates 文件夹中，如果该文件夹在站点内不存在，Dreamweaver CS6 中将在保存新建模板时自动创建该文件夹。

② 选择菜单中的"文件"|"保存"选项，若文件中没有可编辑区则会弹出未建立可编

辑区是否继续的提示信息，单击"确定"按钮，则打开"另存模板"对话框。在"另存为"文本框中输入模板名称，则在"模板"面板上出现新建的模板。

③ 将网页另存为模板后，可用模板生成网页，但生成的网页除可编辑区或可编辑参数外的大部分区域都被锁定，因而只有在可编辑区域中进行内容更改。

4. 应用模板

在设置了模板后，可以在空白页或已包含内容的文档中应用模板，也可以基于模板创建新的网页。

（1）应用模板的方法

基于模板创建网页的方法有两种，即使用"资源"面板和在站点模板中创建。

① 使用资源面板创建应用模板的网页

新建一个空白文档，在 Dreamweaver CS6 的界面左边的"资源"面板单击"模板"图标，显示"模板"面板，在模板中选择要应用的模板，单击面板左下角的"应用"按钮，模板会应用到当前的页面文件中，再对可编辑区域添加页面的内容得到和模板内容不同的网页。

② 在站点模板中创建应用模板的网页

在 Dreamweaver CS6 启动后的窗口中，选择菜单"文件"|"新建"选项，弹出"新建文档"对话框，在"新建文档"对话框中单击"模板"标签，切换到"模板"选项卡，"模板"选项卡列出了站点中的所有模板，从中选择一个模板，单击"创建"按钮，基于该模板创建一个网页。

也可在"新建文档"对话框中单击"模板中的页"标签，切换到"模板中的页"选项卡，其中列出了站点中的所有模板，从中选择一个模板，然后单击"创建"按钮，基于该模板创建一个网页。

（2）将模板应用到有内容的文档中

对一个已包含内容的网页，可以将模板套用在已有的网页上。

打开要套用模板的网页，选择菜单中的"修改"|"模板"|"套用模板到页"选项，弹出的模板面板上提供了站点下可供选择的需要套用的模板。选中模板后单击"选定"按钮，将弹出为网页上的内容分配可编辑区域的"设置"面板，这是因为通常给网页套用模板，只需要定义网页内容插入到模板的哪个可编辑区域就可以了。因而在窗口中选中尚未分配可编辑区域的内容，在"将内容移到新区域"右侧的下拉列表框中选择文本在模板中要放置的区域，即可编辑区域，然后单击"确定"按钮，网页就套用了已有的模板。

（3）页面与模板的脱离

如果在网站建设过程中，希望某个从模板生成的页面不受主模板的控制，则可以将当前的页面与模板进行脱离。脱离模板后的网页没有了锁定的区域，可以在任意区域内修改编辑页面内容。

打开应用了模板要脱离的网页，选择"修改"|"模板"|"从模板中分离"的选项，此时网页中的不可编辑区域变为了可编辑区。

（4）使用模板更新页面

在用模板创建了若干个页面之后，若需要更改页面或者增加栏目、修改模板时，

Dreamweaver CS6 会自动更新所有用模板制作的页面。

打开模板进行修改后，选择"文件"|"保存"选项保存模板，会弹出如图 6-20 所示的"更新模板文件"的对话框，将站点内用该模板生成的所有网页都罗列显示出来，询问是否更新所有使用了该模板的页面。单击"更新"按钮，弹出"更新页面"对话框，可以对整个站点里应用到该模板的所有网页文件进行更新。单击"开始"按钮，选中"显示记录"的复选框，在状态下的文本框内会显示出更新的页面总数以及更新的时间等相关信息，此时如图 6-21 所示，"开始"按钮成了灰色的"完成"按钮。

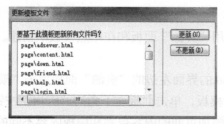

图 6-20 模板对象创建特定区域

图 6-21 "新建可编辑区域"对话框

模板的创建、应用、修改和删除都可以在站点窗口直接进行，选中对应的模板，单击模板面板下方的相应图标就可以进行相关操作。

5. 管理模板

在 Dreamweaver CS6 中，可以通过"资源"面板的"模板"类别对模板文件进行管理操作，包括重命名模板文件和删除模板文件。

（1）重命名模板

在"资源"面板中，选择面板左侧的"模板"类别，出现模板列表，单击要重新命名的模板项名称，即可激活其文本编辑状态，也可以单击面板右上角的菜单按钮，打开快捷菜单，执行"重命名"命令，可激活其文本编辑状态，然后输入需要的新名称。

同时，Dreamweaver CS6 将询问是否要更新基于此模板的文档。若要更新站点中所有基于此模板的文件，则单击"更新"按钮；如果不想更新基于此模板的任何文档，则单击"不更新"按钮。

（2）删除模板文件

在"资源"面板的模板列表中，选中要删除的模板项，然后单击面板右上角的菜单按钮，打开面板菜单，选择"删除"选项，确认要删除对应模板，或直接单击模板。

基于已删除模板的网页不会与此模板分离，它们保留该模板文件在被删除前所具有的结构和可编辑区域。

任务实施

1. 用表格进行页面布局时，根据整体效果可先基本确定表格的行、列数和要嵌套的表格的设置后，再写代码。根据网页效果布局考虑如图 6-22 所示，在一个 5 行 2 列的表中，将第 1、2、5 行的两列合并，将第 3、4 行插入 3 个表，分别设为 3 行 1 列、1 行 2 列和 2 行 2 列的表，其中 2 行 2 列的表的第 1 行的 2 列也需进行合并。

2. 启动 Dreamweaver CS6，新建一个 HTML 文件。
3. 在代码窗口中的<body></body>这对标记内输入代码。

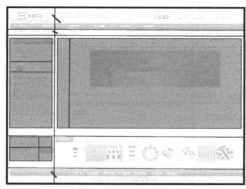

图 6-22　表格布局效果

```
<table border="0" cellspacing="0" cellpadding="0" width="1260px" align=
"center">
  <tr>
    <td colspan="2" align="center">
     <img src="imgs/head.jpg" width="1260px" height="115px" />
    </td>
  </tr>
  <tr>
    <td height="19px" colspan="2"> </td>
  </tr>
  <tr>
    <td width="203px" align="right">
     <table>
      <tr><td><img src="imgs/left.jpg" width="200px" height="129px"
/></td></tr>
      <tr><td height="33"> </td></tr>
      <tr>
        <td>
          <table border="0" cellspacing="0" cellpadding="0" align="right">
           <tr><td><img src="imgs/tel.jpg" width="200px" height="49px"
/></td></tr>
           <tr><td><img src="imgs/cont.jpg" width="200px" height="250px"
/></td></tr>
          </table>
        </td>
```

```
      </tr>
     </table>
     </td>
     <td width="1057px" valign="top">
     <table border="0" cellspacing="0" cellpadding="0" width="1057px">
      <tr>
       <td width="20px"> </td>
       <td width="1037px">
        <p><br/>
         <strong>
           <font color="#336699" face="Arial, Helvetica, sans-serif"
size="-1">服 务 中 心</font>
         </strong>
        </p>
        <hr color="#336699" width="98%" align="left">
       </td>
      </tr>
      <tr>
       <td width="20px"> </td>
       <td align="center"><img src="imgs/ad.jpg" width="448px" height="134px"
/></td>
      </tr>
      <tr>
       <td width="20px"> </td>
       <td>
        <p>    下面的文字可明确服务中心提供的服务：</p>
        <p><br />
         <font size="-1">        
您可以点击左边服务中心栏目里的链接获得您的帮助信息；您也可以直接在问题搜索内输入内容，立即
获得帮助；如果您在服务中心没有找到您需要的信息，请的在线服务中的在线留言处提交问题，我们
的客服人员会在 2 个工作日内给您答复；您也可以拨打我们的<strong>客户服务电话</strong>获
得帮助：
         </font>
        </p>
        <p>        
         <font color="#f60" size="-1">
           <strong>0731-8823133</strong>
         </font><br />
```

```
                      
              <font color="#f60" size="-1">
               <strong>0731-8823166</strong>
              </font>
             </p>
            </td>
           </tr>
          </table>
         </td>
        </tr>
        <tr>
         <td align="right">
          <table border="0" cellspacing="0" cellpadding="0" width="200px">
           <tr>
            <td colspan="2" align="center"><img src="imgs/search.jpg"
width="201px" height="39px"/>
            </td>
           </tr>
           <tr>
            <td>
             <form id="form1" name="form1" method="post" action="">
              <input type="text" name="textfield" id="textfield" size="16px"/>
             </form>
            </td>
            <td>
             <img src="imgs/go.jpg" width="75px" height="30px" />
            </td>
           </tr>
          </table>
         </td>
         <td align="center" width="1057px">
          <img src="imgs/show.jpg" width="1000px" height="197px" />
         </td>
        </tr>
        <tr>
         <td colspan="2" width="1260px">
          <img src="imgs/bottom.jpg" width="1260px" height="75px" />
         </td>
```

```
     </tr>
</table>
```

4. 在文件菜单中选择保存后，找到你想要保存的文件路径，保存为**.html 文件后，运行查看网页效果并进行适当的修改和调试。

5. 在此文件中设置可编辑区，并在文件菜单下选择另存为模板后，会保存为**.dwt 文件。

6. 在文件菜单中新建模板中的页，依据上一步骤中所产生的模板来生成多个服务中心下同格式、内容不同的在线服务和在线订单子页和其下的分子页，即通过修改模板的可编辑区后分别保存为不同名的.html 文件来完成。

项目实训

设计联系我们的页面，并用表格布局企业栏目的子首页。设计效果如图 6-23 所示。

图 6-23　项目实训效果

1. 动 Dreamweaver CS6，打开本项目 6.2 节任务中产生的模板或新建一个 HTML 文件。

2. 在任务代码中的右侧将表格的第 3 行第 2 列指为可编辑区，并加入以下代码，如图 6-24 所示。

```
<td>
 <table cellspacing="0" cellpadding="0" border="0" align="center">
  <tr>
   <td height="262" align="left" valign="top">
    <table height="252" cellspacing="2" cellpadding="3"
    width="608" border="0" heihgt="200">
     <tr>
      <td height="248" align="middle" valign="center">
       <table height="241" cellspacing="0" cellpadding="0"
       width="391" border="0">
        <tr>
         <td align="center" colspan="2">
         长沙信达国际电子科技有限公司</td>
         </tr>
```

图 6-24　项目实现代码

```
        <tr>
          <td valign="center" align="middle" width="82">
          公司地址: </td>
          <td valign="center" align="left" width="309">
          长沙望城区旺旺西路 188 号信达大厦 1208 室
          </td>
        </tr>
        <tr>
          <td valign="center" align="middle">
          邮   编: </td>
          <td valign="center" align="left">410001</td>
        </tr>
        <tr>
          <td valign="center" align="middle">
          联系电话: </td>
          <td valign="center" align="left">
          0731-8823133 8823166 转 108</td>
        </tr>
        <tr>
          <td valign="center" align="middle">
          传   真: </td>
          <td valign="center" align="left">
          0731-8823133</td>
        </tr>
        <tr>
          <td valign="center" align="middle">
          公司网址: </td>
          <td valign="center" align="left">
          www.xinda.com</td>
        </tr>
        <tr>
          <td valign="center" align="middle">
          公司邮箱: </td>
          <td valign="center" align="left">
          <a href="mailto:editor@xingda.cn">
          editor@xingda.cn</a></td>
        </tr>
      </table>
    </td>
    <td>
    <img src="../imgs/content.jpg" alt=""
    height="200" border="0" /></td>
  </tr>
  </table>
</td>
```

图 6-24　项目实现代码（续）

　　3. 任务代码中的右侧也就是表格的第二行第二列指为可编辑区, 加入以下代码, 内容如图 6-25 所示。

```
<td width="1037px">
 <p><br/>
  <strong>
   <font color="#336699" size="-1" face="Arial, Helvetica,
   sans-serif">    联系我们</font>
  </strong>
 </p>
 <hr color="#336699" width="98%" align="left">
</td>
```

图 6-25　项目实现代码

4. 在文件菜单中选择另存为后，找到你想要保存的文件路径，保存为**.html 文件，运行查看网页效果并进行适当的修改和调试。

习题

1. 当单元格中没有内容时，对应的 html 是否写为<td></td>?显示效果有什么不同？如何改善。

2. 创建一个宽度为 300、平分各列的 2 行 3 列的表格，表格的边框为深蓝色。

3. 在表格中，设置表格中文字与边框距离的属性是什么？

4. 编写代码创建如下所示效果的表格，另将第二、三行的字体不加粗。

12个月份			
January	February	March	April
May	June	July	August
September	October	November	December

5. 编写代码创建如下所示效果的表格。

学生基本信息			成　绩		
姓　名	性　别	专　业	课　程		分　数
王栋	男	计算机	程序设计		68
唐楠	女				89

6. 分析 www.yahoo.com 网站首页是如何使用表格标记来控制页面布局的，画出其中各个表格标记在网页中的位置和嵌套关系。

7. 模板文件的扩展名是什么？

8. 简述创建模板和在模板中设置可编辑区域的过程。

PART 7

项目 7
新闻中心栏目设计

知识目标

1. 熟悉框架的基本知识。
2. 掌握框架标记和分割框架的方法。
3. 掌握框架间的链接处理方法。
4. 掌握框架集和框架文件的属性设置。
5. 掌握浮动框架的用法。

能力目标

1. 具备制作框架页面的能力。
2. 具备框架嵌套处理的能力。
3. 具备对框架页面的属性进行处理的能力。
4. 具备运用浮动框架在指定区域操作的能力。

学习导航

本项目实现网站新闻中心栏目的整体布局设计以及各子页面之间的跳转与优化设计。项目在企业网站建设过程中的作用如图 7-1 所示。

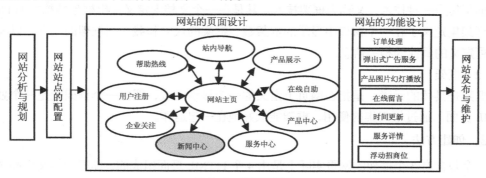

图 7-1 学习导航图

任务 7.1　新闻中心栏目布局设计

任务描述

框架是网页中最常使用的页面设计方式之一。框架的英文是 Frame，指将网页在一个浏览器窗口下分割成几个不同区域的形式。利用框架技术可以实现在一个浏览器窗口显示多个 HTML 页面。通过构建这些文档之间的相互关系，可以实现文档导航、文档浏览以及文档操作等目的。

本任务通过编写 HTML 源代码设计网页，实现新闻中心栏目的框架布局和子栏目首页与分页之间的链接，产生如图 7-2 所示的网页效果。

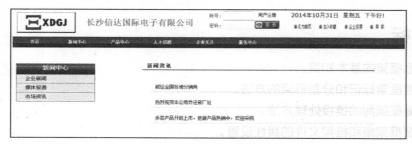

图 7-2　任务实施效果图

知识引入

7.1.1　自定义框架与框架集

1．基本原理

利用框架可以节省设计网站的时间，因为可以将某些内容放在一个框架里，而在好几个网页上将这个框架显示出来。例如，如果想让公司的标记显示在每一页的顶部，就可将它放在一个框架里。同样，可在每页的底部放一幅广告条，左侧放一排导航栏。这充分体现框架的省时作用，如果要更改这些内容，只要在相应的框架中改动，所有用到该框架的网页就都更新了。

（1）框架集

框架集是一种技术，又称为框架技术。其是在一个文档内定义一组框架结构的 HTML 网页。框架集定义了在一个窗口中显示的框架数、框架的尺寸和载入到框架的网页，以及其他一些可定义的属性的相关信息。

（2）框架

框架是具体的元素，是指在网页上定义的一个显示区域，即每一个框架就是一个独立的 HTML 页面。通过框架集的使用，框架能很好地在一起运作。

2．创建方法

一个包含有 3 个框架的网页实际上是由 4 个 HTML 页面组成的，即框架集文件和 3 个包含在框架中显示的内容的文件。使用框架集设计网页时，为了使该网页能在浏览器中正常运行，必须对这 4 个文件都进行保存。

在建立框架集前，需要利用 W3C 的框架集 XHTML1.0 文档类型声明：

```
<!DOCTYPE html PUBLIC "-//W3C//DTD XHTML 1.0 Frameset//EN"
"http://www.w3.org/TR/xhtml1/DTD/xhtml1-frameset.dtd">
```

框架的建立使用<frameset>、<frame>两个标记。框架标记需要放在一个网页文件中，这个网页文件只记录该框架如何划分，而不显示具体页面的内容，因此，只是用<frameset>标记取代<body>标记来定义，<frame>必须放置在<frameset>范围中使用。<frame>标记用来声明其中框架页面的内容。框架的基本结构为：

```
<! DOCTYPE html PUBLIC"-//W3C//DTD XHTML 1.0 Frameset//EN"
    "http://www.w3.org/TR/xhtml1-frameset.dtd" >
<html xmlns="http://www.w3.org/1999/xhtml">
  <head>
    <meta http-equiv="Content-Type" content="text/html;charset=utf-8"/>
    <title>框架网页的标题</title>
  </head>
  <frameset>
    <frame></frame>
    <frame></frame>
  </frameset>
</html>
```

7.1.2 框架与框架集属性

1．框架集的属性设置

<frameset>标记用来定义一个框架集，其书写格式如下：

```
<frameset rows="水平方向框架数目" cols="垂直方向框架数目" bordercolor="颜色值" border="数值" frameborder="yes/no" framespacing="数值" >
</frameset>
```

【属性】

rows：用来设定横向分割的框架数目及各自所占的高度。

cols：用来设定纵向分割的框架数目及各自所占的宽度。

bordercolor：用来设定边框的颜色。

boder：用来设定边框的宽度。

frameborder：用来设定有无边框。

framespacing：用来设置各窗格间的空白。

网页进行水平方向和垂直方向或混合的分区方法是用 cols 和 rows 属性两个属性，这两个属性可用于控制水平方向分割和垂直方向分割时的框架数目及其大小，分隔的框架数目以逗号的个数加 1 来确定。如设置的垂直方向的分割方法为：<frameset rows="x|x%|*，x|x%|*，

x|x%|*>"，将页面分隔成上、中、下三个区，不同框架链接不同的网页。

如果使用 x，即设置像素值，表示框架所占的绝对大小，如 rows="50,80,60"。

如果使用 x%，即设置百分数，表示框架所占浏览器窗口的相对大小，如 rows="20%,60%,20%"。

如果使用*，表示自动分配。如 rows="20%,*,20%"，表示上、下框架各占 20%，剩余的 60% 都分配给中间框架；再如 rows="*,2*3*"，表示上框架占 1/6，中间框架占 2/6，下框架占 3/6。

2．框架的属性设置

<frame>标记用于给各个框架指定页面的内容，它将各个框架和包含其内容的那个网页文件联系在一起。<frame>标记的个数应等于<frameset>标记中定义的框架数，并按在文件中出现的次序以先行后列对框架进行初始化。其是一个单标记，其书写格式如下：

```
<frame src=" URL"  name="框架名" border="数值" bordercolor="颜色值"
frameborder="yes/no" scrolling="yes/no/auto" noresize="noresize"/>
```

【属性】

name：用来为当前框架命名，是超链接时的框架名称。

src：用来确定框架的源文档。可以直接给出链接网页的 URL。

scrolling：用来确定当框架内的内容显示不下时是否出现滚动条。

noresize：用来限制框架尺寸，令访问者无法通过拖动框架边框在浏览器中调整框架大小。

3．框架的嵌套

在另一个框架中的框架集称为嵌套框架集。一个框架集文件可以包含多个嵌套框架集。大多数使用框架的 Web 页实际上都使用嵌套的框架。如果在一组框架里，不同行或不同列中有不同数目的框架时，就要求使用嵌套框架。

在已有框架集中，选择需要嵌套的某一个框架页，使用框架集进行再次拆分。如对于上方固定下方嵌套的框架集而言，则是在垂直分割的下框架页位置，去掉框架标记 frame，加入框架集标记并做对应的拆分。其基本结构如下：

```
<frameset>
    <frame></frame>
    <frameset>
    <frame></frame>
    <frame></frame>
    </frameset>
</frameset>
```

4．带链接的框架内容设置

要在一个框架中使用链接以打开网页显示在另一个框架中，必须设置链接目标。设置不同的 target 属性可以使链接页面在指定打开的框架或窗口中显示。超链接的 target 属性的正确设定与否，决定了浏览者是否可能正常浏览网页，或者是否失去站点的导航。其有四个取值：

_blank：使链接的页面在新窗口中打开。

_parent：使链接的页面在父框架集中打开。

_self：使链接的页面在当前框架中打开，取代当前框架中的内容。是默认值。

_top：使链接的页面在最外层的框架集中打开，取代其中的所有框架。

如果导航条位于左框架，并且希望链接的内容显示在右侧的主要内容框架中，必须将右侧主要内容框架的名称（name 属性的值）指定为每个导航条链接的目标（target 属性的值）。当访问者单击导航链接时，将在主框架中打开指定的内容，否则是按默认的方式在链接的框架中打开指定内容。

例 7-1：设计上下分割窗口的网页，使上框架中的文字链接选中后需显示的页面显示在下框架中。

```
<!DOCTYPE html PUBLIC "-//W3C//DTD XHTML 1.0 Frameset//EN"
    "http://www.w3.org/TR/xhtml1/DTD/xhtml1-frameset.dtd">
<html xmlns="http://www.w3.org/1999/xhtml">
  <head>
    <meta http-equiv="Content-Type" content="text/html; charset=utf-8" />
      <title>例 7-1</title>
  </head>
<frameset rows="57,*" cols="*" framespacing="0" frameborder="no" border="0"
    bordercolor="#FF9966">
      <frame src="a.html" name="topFrame" frameborder="yes" scrolling="No"
    noresize="noresize" bordercolor="#FF9966" id="topFrame"
    title="topFrame"></frame>
      <frame src="1.html" name="mainFrame" frameborder="yes"
    bordercolor="#FF9966" id="mainFrame" title="mainFrame"></frame>
  </frameset>
</html>
```

运行结果如图 7-3 所示。注意一定需要将 a.html 中的所有链接标记中有一个 target 属性设为下框架的名字：target= "mainframe"，才能实现上框架中的文字链接选中后需显示的页面显示在下框架中。

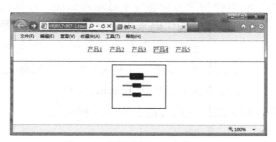

图 7-3　运行例 7-1 后的网页

5．无框架内容设置

虽然框架技术是较早使用的一种导航技术，但是仍然有一些早期版本的浏览器不支持框架。制作人员可能无法改变这一现象，我们所能做的是显示"该浏览器不支持框架技术，有些内容无法看到"，仅此而已。如果用户愿意，也可以制作一个不带框架的页面。

使用<noframes>和</noframes>标记可以完成这一任务，当浏览器不能加载框架集文件时，会检索到<noframes>标记，并显示标记中的内容。插入一段类似于下面的代码内容，实现在浏览器不支持框架时显示的内容。

```
<noframes>
  <body bgcolor="#FFFFFF">
    <p align="center">您的浏览器不支持框架，本页内容无法正常浏览。</p>
  </body>
</noframes>
```

任务实施

1. 启动 DW CS6，新建一个 HTML 文件。
2. 在代码窗口中删除<body></body>这对标记，并在对应的位置输入代码，内容如下所示：

```
<frameset rows="127,*" cols="*" framespacing="0" frameborder="1" border="1">
    <frame src="a.html" name="topFrame" scrolling="No" noresize="noresize"
    id="topFrame"  title="topFrame" ></frame>
    <frameset rows="*" cols="229,*" framespacing="2" frameborder="no"
border="0">
    <frame src="b.html" name="leftFrame" scrolling="no" noresize="noresize"
id="leftFrame" title="leftFrame"></frame>
    <frame src="c.html" name="mainFrame" id="mainFrame" title="mainFrame"
></frame>
    </frameset>
</frameset>
```

3. 在文件菜单下选择保存，或找到你想要保存的文件路径，保存为**.html 文件。
4. 新建一个 HTML 文件，在<body></body>这对标记内输入代码：<img src="img/a.jpg" width="218" height="124" border="0"></img>。（这是为描述上方便将网页中的内容做成了一张图片，请实际设计人员能自己写一些代码来实现导航或内容图片等效果的文档，在导航图片上可设置热点链接和文字链接，此内容实现方法以前有述，现省略）。
5. 在前面保存文件的文件夹下保存文件，并将文件中的链接标记内 target=" mainFrame "，同时文件名为 a.html。同时以 4、5 步同样的方 b.html、c.html。
6. 运行框架页面查看网页效果并进行适当的修改和调试。

任务 7.2　新闻中心导航

任务描述

　　框架布局的页面最大只能做到满屏，但企业中的新闻内容是多条的，也就会造成在一页中无法显示完整，因此会在多个页面中显示新闻资讯。同时，整个页面的布局是相同的，仅新闻详细标题不同，则可以采用浮动框架形式，用"第一页"、"上一页"、"下一页"、"最后一页"的文字链接形式改变网页的新闻内容。

　　本任务在上一节任务实现的基础上，编写 HTML 源代码设计网页，产生如图 7-4 所示的效果。

图 7-4　任务实施效果图

　　同时，在页面中点击下一页和最后一页都可以看到其他的新闻。网页效果如图 7-5 所示。

图 7-5　任务实施效果图

知识引入

1. 浮动框架标记<iframe>

　　浮动框架是一种特殊的"嵌入式框架"页面，不需要放在复杂的框架集中，可以直接在浏览器窗口中创建一个窗口来显示需要显示的网页，实现"画中画"的效果。浮动框架可以自由控制窗口大小，可以配合表格随意地在网页的任何位置插入窗口。而且每个浮动框架都可以独立地定义其大小，而不仅仅局限在一个浏览器窗口的大小。

iframe 是 Inline Frame 的简写，在网页中加入<iframe></iframe>这对标记，则在网页中嵌入了一个浮动的窗口。

2．浮动框架的使用

浮动窗口加入后，需要对其属性进行设置，才能达到所需要的效果。浮动框架加入的标记格式为：

```
<iframe src="URL" width="数值" height="数值" frameborder="数值"
 scrolling="auto/no">
</iframe>
```

属性设置基本和框架的属性设置相同，如指定 src 属性来调用另一个网页文档的内容。需要关注的是如果要实现浮动框架的父页面中用超链接文本控制浮动框架内的页面跳转，关键在于浮动框架本身的名称设置与父窗口超链接文本的目标属性设置的统一。同时，当 iframe 需要按百分比自适应高度时，也就是不出现因框架空间太小不能完整显示和有滚动条产生的情况，可以加入高度自适应浮动框架大小的代码，即 onload="this.height=this.Document.body.scrollheight"。

例 7-2：设计在页面中间位置有可以通过文字链接显示对应网页内容的网页。

```
<!DOCTYPE html PUBLIC "-//W3C//DTD XHTML 1.0 Frameset//EN"
    "http://www.w3.org/TR/xhtml1/DTD/xhtml1-frameset.dtd">
<html xmlns="http://www.w3.org/1999/xhtml">
  <head>
    <meta http-equiv="Content-Type" content="text/html; charset=utf-8" />
    <title>例 7-2</title>
  </head>
  <body>
   <center>
     <iframe src="1.html" name="aa" width="500" height="300">
     </iframe>
     <p>
     <a href="1.html" target="aa">产品 1</a>  
       <a href="2.html" target="aa">产品 2</a>
         <a href="3.html" target="aa">产品 3</a>
         <a href="4.html" target="aa">产品 4</a>
         <a href="5.html" target="aa">产品 5</a>
    </p>
   </center>
  </body>
</html>
```

运行结果如图 7-6 所示。

图 7-6　运行例 7-2 后的网页

任务实施

1. 启动 Dreamweaver CS6，打开上一章中的右下方链接的文件或新建一个 HTML 文件。
2. 在代码窗口中的<body></body>这对标记内输入代码，内容如下所示。

```
<iframe src="10.html" name="aa" width="700" height="300" frameborder="no"
border="0">
</iframe>
<center>
  <p>
    <a href="10.html" target="aa">第一页</a>
        <a href="11.html" target="aa">下一页</a>
        <a href="12.html" target="aa">最后一页</a>
  </p>
</center>
```

3. 在文件菜单下选择保存，或找到你想要保存的文件路径，保存为**.html 文件时一定要右下方链接的文件同路径同名。
4. 新建一个 HTML 文件，在<body></body>这对标记内输入代码 <img src="img/1.jpg" width="633" height="210" />。（这是为描述上方便将网页中的内容做成了一张图片，请实际设计人员自己写一些代码来实现这个图片效果的文件。）
5. 在前面保存文件的文件夹下保存文件，同时文件名为 11.html。同时以 4、5 步同样的方法制作 12.html。
6. 运行框架页面查看网页效果并进行适当的修改和调试。

项目实训

在整个网站建设中，本书对人才招聘栏目建设的内容讲述不多，现以新闻中心栏目的布局方式实现人才招聘栏目的整体构建，设计效果如图 7-7 所示。

图 7-7 框架布局效果 1

分别点击人才招聘栏目下的在线招聘和招聘岗位可实现内容显示在页面右下方，设计效果如图 7-8 和图 7-9 所示。

图 7-8 框架布局效果 2

图 7-9 框架布局效果 3

1. 启动 Dreamweaver CS6，新建一个 HTML 文件。

2. 在代码窗口中删除\<body>\</body>这对标记，并在对应的位置输入以下代码，形成框架集页面，并进行命名，代码如图 7-10 所示。

```
<frameset rows="127,*" cols="*" framespacing="0">
  <frame src="a.html" name="topFrame" scrolling="No"
  noresize="noresize" id="topFrame" title="topFrame" />
<frameset rows="*" cols="229,*" framespacing="2"
  frameborder="yes" border="2">
    <frame src="b.html" name="leftFrame" scrolling="No"
      noresize="noresize" id="leftFrame" title="leftFrame" />
    <frame src="c.html" name="mainFrame" id="mainFrame"
      title="mainFrame" />
  </frameset>
</frameset>
```

图 7-10 项目实现代码

3. 在文件菜单下选择保存后，找到你想要保存的文件路径，保存为 frameindex.html 文件。

4. 新建一个 HTML 文件，在\<body>\</body>这对标记内输入代码 \<img src="img/a.jpg"

width="1000" height="100"></img>。这是为描述上方便将网页中的内容做成了一张图片，请实际设计人员自己写一些代码来实现这个图片效果的文件。

5. 在前面保存 frameindex.html 的文件夹下保存文件，同时文件名为 a.html。

6. 新建一个 HTML 文件，在<body></body>这对标记内输入代码如图 7-11 所示，实现图像的热点链接，将要显示的页面显示在网页的右侧中间部分。

```
<img src="img/b.jpg" width="218" height="124" border="0" usemap="#Map" />
<map name="Map">
 <area shape="rect" coords="40,50,100,75" href="c1.html" target="mainFrame">
 <area shape="rect" coords="40,75,100,100" href="c2.html" target="mainFrame">
</map>
```

图 7-11　项目实现代码

（这是为描述上方便将网页中的内容做成了一张图片，请实际设计人员自己写一些代码来实现这个图片效果的文件。）

7. 在前面保存 frameindex.html 的文件夹下保存文件，同时文件名为 b.html。

8. 新建一个 HTML 文件，在<body></body>这对标记内输入代码 <img src="img/c.jpg" width="1000" height="100"></img>。（这是为描述上方便将网页中的内容做成了一张图片，请实际设计人员自己写一些代码来实现这个图片效果的文件。）

9. 在前面保存 frameindex.html 的文件夹下保存文件，同时文件名为 c.html。同时以 8、9 步同样的方法建立 c1.html、c2.html。

10. 运行 frameindex.html 文件查看网页效果并进行适当的修改和调试。

习题

1. 什么是框架集？与框架之间有什么关联？

2. 在子框架中，不出现滚动条的设置是怎样的？

3. 如何设置超链接的属性，使目标网页在指定框架中的位置显示？

4. 当处理浏览器不能显示的框架内容时，可在网页的什么标记之间加入提示信息？

5. 如何实现框架的嵌套？

6. 一个顶部和底部左侧嵌套框架类型的框架最少包含几个 HTML 文件？

7. 制作一个有左右框架的网页，每个框架中的内容自定，并设置框架间的超链接。

8. 什么是浮动框架?如何使用浮动框架?

项目 8
企业关注栏目设计

知识目标

1. 掌握 CSS 样式的创建与编辑。
2. 掌握 CSS 中的各属性的作用和设置。
3. 掌握使用标记样式、高级样式和类样式控制应用范围的方法。
4. 熟悉 CSS 层叠性。

能力目标

1. 具备各种套用 CSS 样式的能力。
2. 具备灵活使用 CSS 样式编辑页面的能力。
3. 具备结合多种方法设计 CSS 控制页面效果的能力。
4. 具备熟练运用 CSS 修饰和美化页面的能力。

学习导航

本项目完成网站中的企业关注栏目下的页面美工设计，并用不同的 CSS 样式改变视觉效果。项目在企业网站建设过程中的作用如图 8-1 所示。

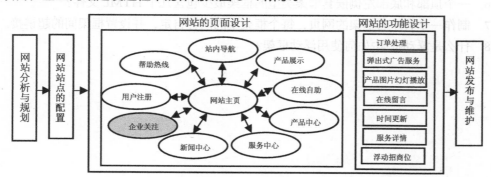

图 8-1　学习导航图

任务 8.1　企业介绍页面样式引用

任务描述

　　企业网站的页面如果长期都不换版式的话，网站的浏览者会在视觉上感觉疲劳，认为企业跟不上时代的步伐。因此，企业网站需要及时更新网页的页面效果，让网站在不同的时期给客户耳目一新的感受，才能得到更多的网站的浏览量，达到吸引客户关注企业的目标。如果只用前面所学的内容去设置属性，改变网页版式效果的话，因要调整每个页面的版式会导致制作人员的超大工作量。现提出 CSS 样式处理，将网页元素的大多数属性设置都单独放在 CSS 的文件，网页可引用这些文件中的样式，则只需改变部分的文件，就可以达到调整整个网站效果的目标，工作量也就大大减少了。

　　本任务通过编写 HTML 源代码设计网页，实现两种风格的的 CSS 样式应用，产生如图 8-2 所示的网页效果。

图 8-2　任务实施效果图

知识引入

8.1.1　CSS 基础

1．层叠样式表简介

　　HTML 结构化标准出现时，主要用于在网页中加入各类元素，其通过使用 <table>、<img>、<hr> 这样的标记，提供网页内容。而网页的布局并不是使用标记来实现，由浏览器来完成，当浏览器不断地将新的 HTML 标签和属性（如表格的添加和表格中文字颜色设置的属性）添加到 HTML 标准中，会导致网页文档内容很难清晰地看到独立于文档表现效果的实现。为了解决这个问题，W3C 组织在结构（Structure）标准 HTML 之外的表现（Presentation）标准（主要包括 CSS），以 CSS 取代 HTML 表格式布局、帧和其他表现语言，实现装饰和布局网页、控制网页文档的显示风格。

　　CSS 是 Cascading Style Sheets 的缩写，中文名称为"层叠样式表"，是一种制作网页的新技术，用于改善网页显示效果。结合 CSS 布局与结构式 HTML，能帮助设计师分离外观与结构，分别由 HTML 的标签告知浏览器网页中有哪些内容，和由 CSS 的规则告知浏览器这些内容应该如何表现，从而使站点的访问及维护更加容易。

2．层叠样式表的特点

在前面设计的网页中有些许不足，看上去并不是很美观大方的，而且需要将网页内容进行效果的调整、布局的优化也有困难的。即使是掌握了 HTML 语言精髓的人，也要通过多次的测试，才能较好地对这些信息进行排版，否则很难让网页按自己的构思和创意来显示信息，这样会造成时间和精力大量浪费。

样式表的产生能为网页上的元素进行精确地定位，让设计者像导演一样，轻易地控制由文字、图片组成的演员们，在网页这个舞台上按剧本要求好好地表演，使网页浏览者通过网页上的内容结构欣赏到了各类信息。以前的内容结构和格式控制在一个文档中相同标记中，交错结合，查看修改很不方便，就像演戏的人演了一场蹩脚的戏一样。而样式表是将内容结构放在一块，将所有网页的格式控制放在一块，这样会方便于修改和多处套用相同的格式，使页面更具有统一性，达到各尽所能又相得益彰的效果。其优点主要表现在以下两个方面。

① 简化了网页的格式代码，外部的样式表还会被浏览器保存在缓存里，加快了下载显示的速度，也减少了需要上传的代码数量（因为重复设置的格式将被只保存一次），大大减少了重复劳动的工作量。

② 只要修改保存着网站格式的 CSS 样式表文件就可以改变整个站点的风格特色，在修改页面数量庞大的站点时，显得格外有用。避免了一个一个网页的修改，大大减少了重复劳动的工作量，特别在面对的是有数百个网页的站点时。

8.1.2　CSS 选择器

1．基本语法结构

CSS 样式表设置的基本语法由选择器、属性和值 3 部分构成，其书写格式如下：

> 选择符(selector){属性(property):属性值(value)}

其中，选择符用于确定样式所应用目标元素的部分，通常是要定义的 HTML 元素或标记。样式声明包括属性和属性值两部分，且属性和属性值被冒号（:）分开，并由花括号（{}）包围，从而组成一个完整的样式声明。属性说明元素的表现形式有颜色、位置等，属性值设置了所选元素的某些属性的特定样式。当出现多个属性设置值时，用分号（;）分开。其书写格式如下：

> 选择符(selector){属性(property):属性值(value);属性(property):属性值(value); }

例如将 body 元素的背景色设为蓝色，其中背景色为属性，蓝色为该属性的具体表现形式。具体写法为 body{background-color:blue}。

2．CSS 的选择符

选择符是在 HTML 文档中选择进行样式规则的元素，其分为以下几种类型。

（1）全体选择符

全体选择符用一个 "*" 来表示，作用类似于通配符，表示所选范围内的所有元素。其书写格式如下：

```
*{属性:属性值}
```

如将当前文档中所有文字的大小设为 12 像素，表示当前文档的元素是 body，属性是 font-size，属性值为 12 像素，则 CSS 描述为*{font-size:12px}。

（2）HTML 标签选择器

标签选择器针对 HTML 标记设置样式规则，在样式应用的网页中，所有的 HTML 标记都按照相应的样式规则来显示。其书写格式如下：

```
HTML 标记{属性:属性值;}
```

在标记出现的地方直接套用样式。如 body{color:red}，该代码指定了 HTML 标记 body 中的 color（字体颜色）属性的值为 red（红色）。

（3）类选择器

类选择器是对需要有相同样式规则的不同元素进行样式设定，也对相同元素需要用不同的样式规则时采用的选择器。其针对自定义的类名称前面添加一个"."号。其书写格式如下：

```
. 类名 {属性:属性值}
```

在使用时需要用 class="类名"来进行样式使用。如在 HTML 代码中有两个 p 标记，字体分别为红色和蓝色，由于是同一标记，如果用 HTML 标记选择器的方法，则显示效果会相同。此时，CSS 样式设置代码如下：

```
. red{color:#ff0000}
.blue{color:#0000ff}
```

类选择器方法使用的结构代码如下。

```
<p class="red">文字显示为红色! </p>
<p class="blue">文字显示为绿色! </p>
```

这样，同一标记就显示了不同的效果。

（4）id 选择器

id 选择器用来对单一元素进行单独的样式定义，其在 id 名前添加"#"。其书写格式如下：

```
#id 名{属性:属性值}
```

在使用时需要用 id="id 名"来进行样式使用。这个选择器经常在 DIV 的样式确定中被使用。如同样实现上面的效果，CSS 样式设置代码如下：

```
#cred{color:#aa0000}
#cblue{color:#0000aa}
```

id 选择器方法使用的结构代码如下：

```
<p id="cred">文字显示为红色! </p>
<p id="cblue">文字显示为蓝色! </p>
```

id 选择器与类选择器的区别在于唯一性，即在 html 结构代码中，类选择器 class 后的名称可以有相同的多个，而在 id 选择器中，id 属性后的名称只允许有唯一一个，不可重复。因为 JavaScript 脚本将通过 id 属性值来调用该 div。

（5）伪类及伪对象选择符

伪类选择符是对相同 HTML 元素的各种状态和其包含的部分内容进行定义的一种方法。其是样式预定义的一组类和对象，不需要进行 id、class 属性的声明。

最常用的是锚的伪类，即 4 类 a 元素的伪类，用于表示动态链接的 4 种状态：link（未访问的状态）、visited（已访问的状态）、hover（鼠标停留的状态）、active（成为焦点的状态）。

```
a:link {color: #FF0000}          /*链接没有任何动作时的样式*/
a:visited{color: #00FF00}        /*访问过的链接样式*/
a:hover {color: #FF00FF}         /*鼠标移动到链接上的样式*/
a:active {color: #0000FF}        /*选中超链接时的样式*/
```

此 4 个伪类选择器在使用时，a:hover 需要放在 a:link 和 a:visited 后才能有效果。如果将 visited 放在 hover 的后面，那么已经访问过的链接始终会触发 visited 伪类，会覆盖 hover 的颜色。而若将 hover 放在 active 后面，就会始终看不到 active 的颜色。

其他伪类是定义首字和首行的伪类，可以对元素的首字或首行设定不同的样式。其书写格式如下：

```
HTML 元素:伪元素 {属性:属性值}
```

（6）选择符组

选择符组将相同属性和值的几个选择符组合起来，用 "," 符号分隔，实现不同的区域进行相同的样式设定，可减少样式的重复设定。如：

```
.txt,p{font-size:12px;color:#adbdef}
```

效果等价于：

```
.txt {font-size:12px;color:#adbdef}
.p{fonf-size:12px;color:#adbdef}
```

（7）包含选择符

包含选择符对某对象中的子对象进行样式指定。其间用空格隔开两个或多个的单一选择器组成的字符串，其优先权高于单一选择器定义的样式规则。如：

```
table td{font-size:12px;color:#336699}
```

实现指定表中单元格的文字大小为 24px，颜色为#336699。

8.1.3　CSS 应用

为了利用 CSS 来控制网页的样式，需要把样式表与文档进行连接。当浏览器下载 HTML 文档并进行解析时，会自动按指定的 CSS 样式呈现各种元素的显示规则。在文档中引用样式表的常用方法有 4 种，它们各有优缺点。

1．外部样式表

外部样式表将样式表保存到一个样式表文件，文件扩展名为 css，然后在网页中用<link>标记链接该样式表，且<link>标记必须放在页面的<head>区内。其常用于多个网页使用同样的样式规则时，也为整个网站设定通用样式风格提供了一个很好的途径。如：

```
<head>
   <link href="*.css" rel="stylesheet" type="text/css">
</head>
```

一个外部样式表文件可以应用于多个页面，当改变该样式表文件时，所有页面的样式将会自动随之改变。这种模式有利于减少重复代码，增强复用性。

2．内部样式表

内部样式表是在网页文档的头部使用<style>标记对，在其中加入样式规则定义的方式。其常用在将样式用于单个文档时。如：

```
<head>
 <style type="text/css">
   hr{color:#abefc6;}
   p{margin-left:20px;}
   body{background-image:url(images/back40.gif); }
 </style>
</head>
```

3．内联样式

在标记中加入 style 属性设置的方法称为内联样式表。在样式仅需要在一个元素上应用一次时可使用内联样式。在使用内联样式表时，HTML4.01 建议在<head></head>标记中增加<meta>标记，同时其中的 http-equiv 属性值为 Content-Style-Type。内联样式会损失样式表的许多优势，可考虑少用。如：

```
<p style="color:#03ac76;margin-left:20px">This is a paragraph</p>
```

其改变了当前 P 段落的颜色和左外边距。

4．输入样式表

输入样式表将一个外部样式表文件（CSS 文件）输入到另外一个 CSS 文件中，被输入的 CSS 文件中的样式规则定义语句就成了输入到的 CSS 文件的一部分。其实现方法是在 head 标记中的 style 标记里用@import 引用外部样式表。如：

```
<head>
 <style type="text/css">
 <!--
 @import"mystyle.css"
 ……
 -->
 </style>
</head>
```

虽然输入样式表对模块化的 CSS 设计很有用处，但也因其在浏览器的兼容性上存在不足，因而较少使用。

任务实施

1. 启动 Dreamweaver CS6，新建一个 HTML 文件。

2. 在代码窗口中的<body></body>这对标记内输入代码，如下所示，实现内容页面设计。

```
<div id="divtop">
```

```
<span class="aa">企 业 介 绍</span>
</div>
<div id="divmain">
<p class="divmain">        长沙信
```
达国际电子科技有限公司成立于 2007 年 3 月，主营电子元器件、模块、电线电缆等电子产品的销售和
推广，能为顾客提供优质的产品和良好的服务。公司立足于本土，也具备进出口经营权，可经营和代购
国内、外不同品牌的电子产品，产品可从全国各地包括香港和台湾地区，以及美国和日本等国进出口。
```
</p>
</div>
```

3．在网页的 <head></head> 这对标记中插入 <link href="common.css" type="text/css" rel="stylesheet">。

4．在文件菜单中选择保存后，找到你想要保存的文件路径，保存为 *.html 文件。

5．新建一个 CSS 文件，在代码区域输入如下内容，对网页中的文字进行美化。

```
@charset "utf-8"; /*避免乱码*/
body{background-image:url(bg0.jpg);} /*设置网页的背景图片*/
#divtop{ color:#004c7d; /*设置元素中文字的颜色*/
        font-size:16px; /*设置元素中文字的大小*/
        font-weight:bold; /*设置元素中文字的粗细*/
        height:40px; /*设置元素的高度*/
        }
.divmain { font-size:14px;
          color:#004c7d;
          }
```

6．在文件菜单中选择保存为 common.css 文件。运行此前设计的网页，查看网页效果并可进行适当的修改和调试。（common1.css 的样式设置模式基本相同，此处不再赘述，可参考电子资源中德上机效果中 8-1）

7．再次打开网页，在 <head></head> 这对标记中插入 <link href="common1.css" type="text/css" rel="stylesheet">，运行内容网页查看网页效果并可进行适当的修改和调试。（以后可以用脚本语言根据时间或根据需求自动引用不同样式，形成两种风格的网站。）

任务 8.2　企业荣誉页面设计

任务描述

CSS 样式表通过对不同元素的属性设置来实现网页内容的效果调整，属性的修改包含文字颜色和字体、文字大小、网页背景、网页中各元素的外型等设置。

本任务通过编写 HTML 源代码设计网页，产生如图 8-3 所示的效果，实现"企业荣誉榜"表格的效果美化。

图 8-3　任务实施效果图

知识引入

8.2.1　CSS 属性

1．颜色

在 CSS 中，颜色是由红、蓝、绿 3 种颜色组合而成的，每一种颜色用数字 0~255 表示，CSS 颜色通常用两种方式表示。

① 十六进制：3 对十六进制的数字（00 表示十进制的 0，FF 表示十进制的 255）或者一个十六进制的数字（0 表示十进制的 0，F 表示十进制的 255），依次代表红、蓝、绿，并以"#"号开始。例如，#000000、#000 表示黑色，#FFFFFF、#FFF 表示白色，颜色范围在黑色与白色之间进行变化。

② 颜色名：W3C 中的 HTML 和 CSS 标准提供了 16 种有效的颜色名，包括 aqua（淡绿青色）、black（黑色）、blue（蓝色）、fuchsia（樱红色）等。

2．长度

CSS 的长度单位有 in（英寸）、cm（厘米）、mm（毫米）、em（字高）、pt（点=1/72 英寸）、pc（pica 点=12 点）和 px（像素点）。其中，em 和 px 较为流行，em 是以字体高度为标准的，px 是以屏幕尺寸为标准的。

3．字体

字体的样式属性可用于改变文字的字体、粗细、斜体、大小、颜色。最常用的属性是 font 属性，其属性需按照 font-style、font-variant、font-weight、font-size、line-height、font-family 顺序用空格分隔方式进行设置。在 font 的属性值中，不一定包括所有的属性。字体的常用属性见表 8-1 所示。

表 8-1　字体属性表

属性	描述
font-family	设置字体类型名称
font-style	设置字体样式
font-stretch	设置字体为压缩或拉伸
font-weight	设置字体的粗细。
font-variant	设置字体为小型大写或正常字体
font-size	设置字体的尺寸
font	简写属性，设置所有字体的属性

属性 font-style 的取值有：normal，不使用斜体，默认；Italic，斜体；Oblique，倾斜幅度不大的斜体。

属性 font-weight 的取值有：normal，标准字体；bold，标准黑体；bolder，比黑体色深的颜色；lighter，比黑体稍浅的颜色。

4．文本

文本的样式属性用于改变文字的行距、对齐方式、文字上的装饰、段落处理。最常用的属性有 text-transform、text-decoration、text-align、vertical-align 等，文本的常用属性见表 8-2。

表 8-2　文本属性表

属性	描述
letter-spacing	设置字符间距
word-spacing	设置字间距离
color	设置文本颜色
text-align	设置元素中文本的水平对齐
line-height	设置文本的垂直方向距离
vertical-align	设置一个内部元素的相对于它的上级元素或元素行的纵向位置
text-indent	设置首行的缩进距离
text-transform	设置文本中字符的大小写
text-decoration	设置文本的下划线

属性 text-transform 的取值有：uppercase，所有文字大写显示；lowercase，所有文字小写显示；capitalize，每个单词的头字母大写显示；none，不改变字母的大小写状态。

属性 text-decoration 的取值有：overline，文本有上划线；line-through，穿过文本的删除线；blink，使文字闪烁；underline，有下划线；none，则是表示没有任何划线。

属性 vertical-align 的取值有：top，顶对齐；bottom，底对齐；text-top，相对文本顶对齐；text-bottom，相对文本底对齐；baseline，基准线对齐；middle，中心对齐；sub，以下标的形式显示；super，以上标的形式显示。

例 8-1：文本与字体属性的设置。

```
<html xmlns="http://www.w3.org/1999/xhtml">
  <head>
    <meta http-equiv="Content-Type" content="text/html; charset=utf-8" />
    <title>文本属性</title>
    <style type="text/css">
      .p1 {text-align:right}  /*设置文本对齐方式*/
      .p2{text-align:center}
      .p3{text-decoration:underline}  /*设置文本的下划线*/
      .p4{text-decoration:line-through}
      #a1{vertical-align:sub} /*设置元素的垂直方向位置*/
```

```
        #a2{vertical-align:super}
        #a3{letter-spacing:5mm}  /*设置字符之间的距离*/
    </style>
  </head>
  <body>
    <span style="font-weight:bolder ">文字加粗</span>  <!--内联样式设置文字粗细-->
    <br />
    <span style="font-size:24px;font-family:'黑体'; ">黑体 24 号字</span>
    <br />
    <span style="font-size:18px;font-family:'楷书'; ">楷书 18 号字</span>
    <br />
    <span style="font-size:28px;font-family:'宋体';color:#360cfd;">宋体 28 号蓝
色字</span>
    <br />
    <span style="font-size:20px;font-family:'黑体';
font-style:italic;color:#ff0000;">斜黑体 20 号红色字</span>
    <br />
    <p class = "p2"> 文字居中</p>
    <p class = "p1">文字居右</p>
    <p class = "p3">文字有下划线</p>
    <p class = "p4">文字有删除线</p>
    X <span id="a1">文字下沉</span>   -
    Y<span id=="a2">文字上标</span> <br />
    <span id="a3">文字间的距离</span><br />
  </body>
</html>
```

运行结果如图 8-4 所示。

图 8-4　运行例 8-1 后的网页

5. 背景与颜色

背景的样式属性用于改变指定元素的背景颜色、背景图像及位置等。常用的背景样式是 background，其属性需按照 background-color、background-image、background-repeat、background-position 顺序用空格分隔方式进行设置。背景的常用属性见表 8-3。

表 8-3 背景属性表

属性	描述
background-color	设置元素的背景颜色
background-image	设置元素的背景图像
background-repeat	设置背景图像是否重复填充
background-attachment	设置背景图像是否随页面的其余部分滚动
background-position	设置背景图像的起始位置
background	简写属性，设置一个到多个背景属性

属性 background-repeat 的取值有：repeat，使用背景图案完全填充元素大小的空间；repeat-x，使用背景图案在水平方向从左到右填充元素大小的空间；repeat-y，使用背景图案在竖直方向从上到下填充元素大小的空间；no-repeat，不使用背景图案重复填充元素。

属性 background-attachment 的取值有：scroll，表示在文字页面滚动时，背景一起滚动；Fixed，表示在文字页面滚动时，背景固定不滚动。

属性 background-position 的取值有：top，背景图案位于指定元素的顶部；center，背景图案位于指定元素的中部；bottom，表示背景图案位于指定元素的底部；left，背景图案位于指定元素的左部；right，背景图案位于指定元素的右部。

6. 高度与宽度

高度与宽度的样式属性用于改变指定元素的高度与宽度。其中，属性值 auto 表示指定元素的高度或宽度将由浏览器自动进行计算。高度与宽度常用属性见表 8-4。

表 8-4 高度与宽度属性表

属性	描述
height	设置元素的高度
width	设置元素的宽度
Line-height	设置元素的行高
max-height	设置元素的最大高度
max-width	设置元素的最大宽度
min-height	设置元素的最小高度
min-width	设置元素的最小宽度

例 8-2：背景和其他属性的设置。

```
<html xmlns="http://www.w3.org/1999/xhtml">
  <head>
```

```
<meta http-equiv="Content-Type" content="text/html; charset=utf-8" />
<title>背景属性</title>
<style type="text/css">
  h1 { height:100px;/*设置元素的高度*/
      width:500px; /*设置元素的宽度*/
      background-image:url(imgs/1.jpg); /*设置元素的背景图片*/
      }
  p{ font-size:22px; ;/*设置元素中文字的大小*/
     background-color:#9ef362; ;/*设置元素中文字的大小*/
     }
  u{background-color:#93d0e3;}
  </style>
</head>
<body>
  <h1>设置标记区域和背景</h1>
  <p>设置标记区域和背景</p>
  <u>设置标记区域和背景</u>
</body>
</html>
```

运行结果如图 8-5 所示。

图 8-5　运行例 8-2 后的网页

7．边框

　　边框的样式属性用于改变指定元素的外围框线的粗细、类型和颜色等。常用的边框样式是 border，其属性需按照 border-width、border-style、border-color 顺序用空格分隔方式进行设置，如 border:1px solid #ff0000，一次性设置 4 个边框 1px 的宽度、线形（实线）和颜色（红色）。也可以按 border-top、border-right、border-bottom、border-left 的顺序用空格分隔的方式一次性设置 4 个边框宽度。边框的常用属性见表 8-5。

表 8-5　边框属性表

属性	描述
border－top－width border－right－width border－bottom－width border－left－width	设置上、右、下、左侧边框的宽度
border－top－style border－right－ style border－bottom－ style border－left－ style	设置上、右、下、左侧边框的线型
border－top－color border－right－ color border－bottom－ color border－left－ color	设置上、右、下、左侧边框的颜色
border－top border－right border－bottom border－left	设置上、右、下、左侧边框的宽度、线型和颜色
border－width	设置各个边框设置宽度
border－style	设置各个边框设置线型
border－color	设置各个边框设置颜色
border	简写属性。设置四个边框的所有属性

border－style 的属性值有：none，无边框（默认值）；dotted，边框为点线；dashed，边框为长短线；solid，边框为实线；double，边框为双线；groove，根据 color 属性显示槽型的 3D 边框；ridge，根据 color 属性显示岭型的 3D 边框；inset，根据 color 属性显示凹边的 3D 边框；outset，根据 color 属性显示凸边的 3D 边框。

例 8－3：边框属性的设置。

```html
<html xmlns="http://www.w3.org/1999/xhtml">
  <head>
    <meta http-equiv="Content-Type" content="text/html; charset=utf-8" />
    <title>边框属性</title>
    <style type="text/css">
      table{ width:800px; /*设置元素的宽度*/
          height:80px; /*设置元素的高度*/
          border-width:10px; /*设置元素边框的宽度*/
          border-top-style:dotted; /*设置元素上边框的线型*/
          border-top-color:#0099ff; /*设置元素上边框的颜色*/
```

```
        border-bottom-style:dashed;
        border-bottom-color:#00cc33;
        border-left-style:solid;
        border-left-color:#cc3300;
        border-right-style:double;
        border-right-color:#effc00;
        }
    td{text-align:right;}  /*设置元素中文字的对齐方式*/
    table .a1{border:5px solid #979a33;}  /*设置元素四个方向边框的粗细、线型和颜
色*/
        .a2{border-bottom:3px solid #0436fc;  /*设置元素上边框的粗细、线型和颜色*/
        border-left:2px thin #000000;
        }
   </style>
 </head>
 <body>
   <table>
    <tr>
     <td class="a1">表格边框为10像素粗，上边框蓝色点线，下边框绿色虚线，左边框红色实
线，右边框为黄色双实线。单元格边框青绿色的实线边框。</td>
     <td class="a2">单元格上边框黑色实线，下边框蓝色实线</td>
    </tr>
   </table>
 </body>
</html>
```

运行结果如图 8-6 所示。

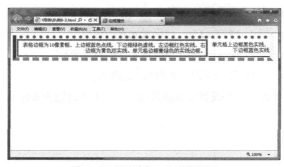

图 8-6　运行例 8-3 后的网页

8．边距

边距分为外边距和内边距。内边距即间距（padding），指元素中内容与边框线的距离，其值是数字，可为负数。外边距是指元素之间的距离，其值是数字，也可为负数。

常用的内边距属性是 padding,其属性需按照 padding—top、padding—right、padding—bottom、padding—left 顺序用空格分隔方式进行设置,也可以只设置一个(指全体内边距设置)或 2 个、3 个、4 个,表示相应边按由上开始顺时针旋转顺序设置,其他同前属性设置相同,如下所示。

表 8-6　间距与边距属性表

属性	描述
margin—top	设置元素的顶部与其他元素之间边距
margin —right	设置元素的右侧与其他元素之间边距
margin —bottom	设置元素的底部与其他元素之间边距
margin —left	设置元素的左侧与其他元素之间边距
padding—top	设置元素中文本的顶部与边框之间的距离
padding —right	设置元素中文本的右侧与边框之间的距离
padding —bottom	设置元素中文本的底部与边框之间的距离
padding —left	设置元素中文本的左侧与边框之间的距离

margin: 2px 6px 8px 4px;是对上、右、下、左边距分别设置为 2px、6px、8px、4px,margin: 2px 6px 8px;是对上、左右、下边距分别设置为 2px、6px、8px,margin:　2px 6px 是对上下,左右边距设置为 2px 、6px,而 margin: 2px;是将上下左右边距都设为 2px。

常用的外边距属性是 margin,其属性需按照 margin—top、margin—right、margin—bottom、margin—left 顺序用空格分隔方式进行设置。间距与边距的常用属性见表 8—6。

例 8—4:间距与边距属性的设置。

```
<html xmlns="http://www.w3.org/1999/xhtml">
  <head>
    <meta http-equiv="Content-Type" content="text/html; charset=utf-8" />
    <title>间距与边距属性</title>
    <style type="text/css">
      h1
      { width:400px; /*设置元素的宽度*/
        border:3px solid #72f835; /*设置元素的边框*/
        background-color:#cccccc; /*设置元素的背景色*/
        padding:15px; /*设置元素四个方向的内边距*/
        margin:40px 60px; /*设置元素的外边距,上下外边距为 40px,左右外边距为 60px*/
      }
      .p1
      { width:400px;
        color:#9a3620;
        background-color:#dddddd;
        font-size:18px;
        margin:20px,100px,50px,70px; /*设置元素四个方向的外边距*/
```

```
        border:10px dashed #f3a5c0;
    }
    .p2
    { width:400px;
      background-color:#eeeeee;
      padding-top:50px;
      padding-left:40px;
      padding-bottom:100px;
      padding-right:90px;
      border:8px double #0099ff;
    }
    </style>
  </head>
  <body>
      <h1>设置文字与边框的四个方向距离为15px，文本区域与父区域之间的左边距和上边距分别
40px和60px
      </h1>
      <p class="p1">文本区域与父区域之间的上、左、下、右边距分别20px、100px、50px、
70px。
      </p>
      <p class="p2">文字与边框的四个方向距离为50px、40px、100px、90px
      </p>
  </body>
</html>
```

运行结果如图 8-7 所示。

图 8-7　运行例 8-4 后的网页

9．布局

布局的样式属性用于元素在网页中的显示与放置情况。布局常用的属性见表 8-7。

属性 visibility 的取值有：inherit，继承父层的显示属性；visible，显示在网页面中；hidden，隐藏元素。

表 8-7　布局属性表

属性	描述
visibility	设置元素的可见状态
display	设置元素的显示状态
overflow	设置元素中内容超范围的处理方法

属性 display 的取值有：block（默认），在对象前后都换行；inline，在对象前后都不换行；list-item，在对象前后都换行，增加了项目符号；none，无显示。

属性 overflow 的取值有：visible，增加元素的显示空间的大小，将溢出元素的内容显示出来；hidden，保持元素的显示大小不变，隐藏超出元素空间的内容；scroll，显示滚动条；auto，只有在内容溢出元素的显示大小时才显示滚动条。

10. 鼠标外形

CSS 提供了多达 13 种的鼠标形状，方便选择。基本格式为 cursor：鼠标形状参数。对应参数的属性值表见表 8-8。

表 8-8　鼠标形状

属性	描述
hand	设置鼠标外形为手形
crosshair	设置鼠标外形为十字形
text	设置鼠标外形为文本形
wait	设置鼠标外形为沙漏形
move	设置鼠标外形为十字箭头形
help	设置鼠标外形为问号形
e-resize	设置鼠标外形为右箭头形
n-resize	设置鼠标外形为上箭头形
nw-resize	设置鼠标外形为左上箭头形
w-resize	设置鼠标外形为左箭头形
s-resize	设置鼠标外形为下箭头形
se-resize	设置鼠标外形为右下箭头形
sw-resize	设置鼠标外形为左下箭头形

例 8-5：鼠标外形属性的设置。

```
<html xmlns="http://www.w3.org/1999/xhtml">
  <head>
    <meta http-equiv="Content-Type" content="text/html; charset=utf-8" />
    <title>鼠标外形属性</title>
    <style type="text/css" media="all">
```

```
    p#default{cursor: default;}  /*设置鼠标外形*/
    p#crosshair{cursor: crosshair;}
    p#pointer{cursor: pointer;}
    p#move{cursor: move;}
    p#text{cursor: text; }
    p#wait{cursor: wait;}
    p#help{cursor: help;}
    p#progress{cursor: progress;}
    p#earrow{cursor: e-resize;}
    p#narrow{cursor: n-resize;}
    p
    { border: 1px solid black;
      background:#fc9a36;
      width:300px;
      font-size:18pt;
    }
  </style>
 </head>
 <body>
  <p id="default">default 默认鼠标</p>
  <p id="crosshair">crosshair 十字鼠标</p>
  <p id="pointer">pointer 鼠标</p>
  <p id="move">move 移动鼠标</p>
  <p id="text">text 文字鼠标</p>
  <p id="wait">wait 等待鼠标</p>
  <p id="help">help 求助鼠标</p>
  <p id="progress">progress 过程鼠标</p>
  <p id="earrow">e-resize 右箭头鼠标</p>
  <p id="narrow">n-resizes 上箭头鼠标</p>
 </body>
</html>
```

运行结果如图 8-8 所示。

11．列表

列表的样式属性用于设置列表项标记的类型、列表项图片和位置。常用的列表样式是 list-style，其属性需按照 list-style-type、list-style-position、list-style-image 顺序用空格分隔方式进行设置。列表常用的属性见表 8-9。

图 8-8 运行例 8-5 后的网页

表 8-9 列表属性表

属性	描述
list-style-type	设置列表项符号标识的外形
list-style-position	设置列表项符号标识的位置
list-style-image	设置列表项符号标识为图像
list-style	简写属性。设置列表项的一个或多个属性

属性 list-style-type 的取值有：disc，符号标识实心圆；circle，符号标识空心圆；square，符号标识方块；decimal，符号标识阿拉伯数字；lower-roman，符号标识小写罗马数字；upper-roman，符号标识大写罗马数字；lower-alpha，符号标识小写英文字母；upper-alpha，符号标识大写英文字母；none，符号标识无项目符号。

属性 list-style-position 的取值有：inside，符号标识在文本内，下行文本内容缩进；outside，列表项前标记在文本外，默认。

菜单是将一系列相关项罗列出来作为操作指南，并做成有效链接。因此列表是非常适合实现网页中的菜单设计的方式。在实现菜单功能的处理中，最常使用的是无序列表。在菜单实现过程中去除列表的符号标识，改变其外形，尤其重要的是 list-style-type 属性的设置。另外链接的有效使用，也是菜单设计效果体现的关键所在。

例 8-6：列表属性的设置。

```html
<html xmlns="http://www.w3.org/1999/xhtml">
  <head>
    <meta http-equiv="Content-Type" content="text/html; charset=utf-8" />
    <title>无标题文档</title>
    <style>
      ul {
        list-style-image:url(imgs/bg.jpg); /*设置列表元素的符号外形*/
        width:248px; /*设置列表元素的宽度*/
        height:248px; /*设置列表元素的高度*/
        border:1px solid #aa6699; /*设置列表元素的边框*/
        background:url(imgs/bg_footer.jpg) no-repeat center bottom;
```

```
             /*设置列表元素的背景图片*/
          padding-bottom:50px; /*设置列表元素的下内边距*/
          }
       li {
       margin:10px; /*设置列表项元素的外边距*/
       padding-left:20px; /*设置列表项元素的左内边距*/
       font-weight:bolder;
       font-size:14px;
       color:#aa6699;
          }
    </style>
  </head>
  <body>
    <ul>
       <li>中国质量管理协会颁发</li>
       <li>国家消费者协会颁发</li>
       <li>中国企业发展研究中心颁发</li>
       <li>湖南省行业协会颁发</li>
       <li>湖南省质量监督局颁发</li>
    </ul>
  </body>
</html>
```

运行结果如图 8-9 所示。

图 8-9　运行例 8-6 后的网页

8.2.2　样式规则优先级

当在网页中插入多个样式表时，浏览器会以哪种方法定义的规则为准呢？这是需要考虑优先级和叠加的。

1．样式表的继承性

样式的叠加就是指继承性。样式表的继承规则是外部元素样式会保留下来，继承给某元素所包含的其他元素，所有在元素中嵌套的元素都会继承外部元素指定的属性值，有时会把很多嵌套的样式叠加在一起，除非进行另外的更改。

下面通过一个简单的网页例子，来显示网页元素之间的继承关系。

```
<html>
  <head>
    <title>显示继承关系</title>
  <head>
  <body>
    <h1>继承关系体现用 DOM 树来显示！</h1>
    <p><span>我</span>是一个段落！</p>
  </body>
</html>
```

可以看到，根元素 html 包含了 head 和 body 两个子元素，head 又包含了 title 子元素，body 元素包含了 h1 和 p 元素，p 元素中又包含了 span 子元素。CSS 的继承依赖于祖先–后代的关系（继承是一种机制），允许样式不仅可以应用于某个特定的元素，还可以应用于其后代。如：

```
body{background:#3300cc;font: "宋体" }
```

在 body 中设置 CSS 样式的背景色和字体以后，在根元素中 html 的 body 下的所有网页元素都会继承此样式。

2．样式表的就近原则

在继承祖先的特征后，如果要对某一元素进行变化，则可以在该元素上重新改写样式。如向前例中再添加内容：span{font: "黑体"}

此时，span 元素将采用自身设置的样式。本例中，若 span 中未设置 font 属性，而是在父标记 p 中对该属性进行了改写，则 span 在样式选择中会根据就近原则采用 p 中设置的样式，而不采用 body 中设置的样式。

3．样式表的优先原则

一般样式套用的原则是最接近目标的样式定义优先级最高。高优先级样式将继承低优先级样式的未重叠定义，但覆盖重叠定义。在样式表的优先级方面，可把握以下 4 个原则。

① 从上到下，从总体到局部。

② ID 选择器优先级高于 class 选择器，class 选择器高于 HTML 选择器。

③ 内联样式表优先级高于嵌入样式表，嵌入样式表优先于链接样式表。

④ 从高到低：行内样式、内部样式、链入外部样式、导入外部样式和默认浏览器样式。

现以不同的选择符定义相同的元素时，要考虑到不同选择符的优先级为例，如：

```
p {color:#0033cc;!important}
.blue{color:#0003fe}
#id1{color:#00ff00}
```

此时，对页面中的一个段落加上了 3 种样式，段落最后会依照!important 声明的 HTML 标记选择符样式显示为红色文字。去掉!important 将依照优先级最高的 id 选择符显示为绿色。

任务实施

1. 启动 Dreamweaver CS6，新建一个 HTML 文件。

2. 在代码窗口的<body></body>和<title></title>中插入代码，内容如图 8-10 所示。

3. 在文件菜单中选择保存后，找到你想要保存的文件路径，保存**.html 文件后，运行查看网页并进行适当修改和调试。

```
#numtable{                                      <table border="1" id="numtable">
    width:700px;                                <caption>企业荣誉榜 </caption>
    margin:100px;                               <tr>
    border-collapse:collapse;                   <th>编号</th>
    font-family:Arial, Helvetica, sans-serif;   <th>名称</th>
    color:#004c7d;                              <th>发奖单位</th>
    text-align:center;                          <th>说明
}                                                </td>
#numtable caption{                               </th>
    font-weight:bold;                           </tr>
    padding:6px 0px;                            <tr><td colspan="5" class="title" >国家级</td></tr>
    color:#0153a7;                               <td class="numb">2012001</td>
    font-size:25px;                              <td>全国服务质量先进单位</td>
}                                                <td>中国质量管理协会</td>
#numtable th{                                    <td>3年免检</td>
    border-bottom:2px solid #3d580b;            </tr>
    background-color:#3d6188;                   <tr>
    color:#fff;                                  <td class="numb">2012008</td>
    padding:10px 0px;                            <td>中国诚信经营企业</td>
}                                                <td>国家消费者协会</td>
.numb{                                           <td> </td>
    background-color:#ce966f;                   </tr>
    font-weight:bold;                           <tr><td colspan="5" class="title">省级</td></tr>
}                                               <tr>
.title{                                          <td class="numb">2012002</td>
    background-color:#e9d5c3;                    <td>中国低碳节能企业奖</td>
    font-weight:bold;                            <td>中国企业发展研究中心</td>
}                                                <td>优秀奖 </td>
.tfoot {                                        </tr>
    border-width:0px;                           <tr>
    text-align:right;                            <td class="numb">2012003</td>
    font-size:12px;                              <td>省行业文明单位标兵</td>
    color:#777;                                  <td>湖南省行业协会</td>
}                                                <td> </td>
a {                                             </tr>
    color:#FF00FF;                              <tr> <td colspan="5" class="tfoot">总次数：4次</td> </tr>
    text-decoration:none;                       </table>
}
a:link {
    color:#FF8000;
}
a:hover {
    color:#8080C0;
    text-decoration:underline;
}
```

图 8-10　部分代码

项目实训

书写样式表和 HTML 代码设计二级菜单，设计的网页产生如下图 8-11 所示的效果。

1. 启动 Dreamweaver CS6，新建一个 HTML 文件。

2. 在代码窗口的<head><style></style></head>这两对标记中输入设置各样式表的代码，如图 8-12 所示。其中 display:block 的设置是为解决边界相遇时的重叠问题。

图 8-11　项目实施效果图

```
#box { margin-left: 30px; }
#box ul
{  margin: 0;
   padding: 0;
   list-style-type: none;
   font-family: sans-serif;
}
#box ul li {margin: 0;}
#box a
{  padding: 5px 10px;
   width: 125px;
   color: #dbdeed;
   background-color: #0153a7;
   text-decoration: none;
   border-top: 1px solid #fff;
   border-left: 1px solid #fff;
   border-bottom: 1px solid #333;
   border-right: 1px solid #333;
   font-weight: bold;
   font-size: .8em;
}
```

```
#box a:hover
{  color: #000;
   background-color: #bfcae6;
   text-decoration: none;
   border-top: 1px solid #333;
   border-left: 1px solid #333;
   border-bottom: 1px solid #fff;
   border-right: 1px solid #fff;
}
#box ul ul li{ margin: 0;}
#box ul ul a
{  padding: 5px 5px 5px 30px;
   width: 125px;
   color: #0153a7;
   background-color: #dbdeed;
   text-decoration: none;
}
#box ul ul a:hover
{  color: #000000;
   background-color: #93a7e1;
   text-decoration: none;
}
```

图 8-12　项目实现代码

3. 在代码窗口中的<body></body>这对标记内输入代码，实现内容页面设计，如下所示。

```
<div id="box">
   < ul >
   <li><a href="#" >企业关注</a>
     <ul>
       <li><a href="#" >企业介绍</a></li>
       <li><a href="#">企业文化</a></li>
       <li><a href="#">企业发展</a></li>
       <li><a href="#">企业荣誉</a></li>
     </ul>
   </li>
   </ul>
</div>
```

4. 在文件菜单中选择保存后，找到你想要保存的文件路径，保存为*.html 文件。

5. 运行布局网页查看网页效果，可进行适当的修改和调试。

习题

1. 什么是层叠样式表？
2. CSS 语法中基本格式包括哪三个部分？
3. CSS 的内部样式设置位于文档的什么位置？
4. CSS 样式选择器有哪几种？各适于在什么条件下引用？
5. 链接样式包括哪 4 种状态？

6. 如何引用一个外部 CSS 样式表文件？

7. CSS 常用的长度单位有哪些？

8. 新建一个网页文件，创建 CSS 样式，设置正文内容为宋体、大小 12 号，标题为黑体、大小 18 号、加粗，超链接为 12 号字体、粉色、斜体，并将创建的 CSS 样式应用于网页文档中。

项目 9
产品中心栏目设计

知识目标

1. 掌握<div>、<span>定位标记的用法。
2. 掌握网页设计中的盒子模型。
3. 掌握一列、二列、三列的布局技术。

能力目标

1. 具备以不同方式定位块级元素的能力。
2. 具备 DIV+CSS 布局网页的能力。
3. 具备用 DIV+CSS 实现页面美化的能力。

学习导航

本项目完成网站中产品中心栏目的销售产品页面布局设计与产品中心栏目的视觉设计。
项目在企业网站建设过程中的作用如图 9-1 所示。

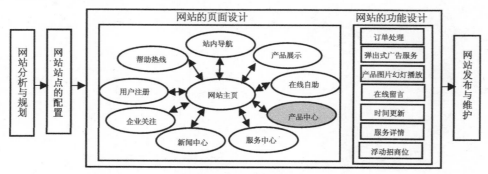

图 9-1　学习导航图

任务 9.1　产品选项卡设计

任务描述

网站中无处不存在着选项卡，通过选项卡可以让一个小小的区间显示众多的内容。本任务通过编写 HTML 代码设计网页，引用样式实现如图 9-2 所示的效果，网页中的选项卡选中销售产品在内容显示区块显示销售产品的内容，选择热点品牌则在内容显示区块显示热点的品牌。

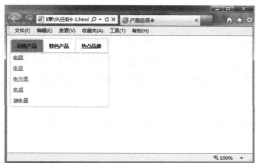

图 9-2　任务实施效果图

知识引入

9.1.1　盒子模型

网站中常用的一种网页排版是采用 CSS，即先用 DIV 将页面内容从整体上进行结构划分，再用 CSS 将各结构分块在网页中进行定位，并针对不同的分块分别进行样式设置。因此 CSS 具有清晰的排版思路，使得网页的结构分明，实现页面的更新又十分方便的优点而被广泛使用。而在 CSS 排版中，最重要的观念就是"盒子模型"，任何一个元素如图片、表格等都可以理解为一个"盒子"，进行具体处理。

1．盒子模型的基础知识

盒子模型（Box Model）是在 1996 年由 W3C 推出 CSS 时提出的，其规定网页中的所有元素对象都被放在一个盒子里，可通过 CSS 来控制该盒子的显示属性，从而达到将网页分成不同区域的视觉效果。盒子模型是 CSS 布局的基础，其规定了网页元素如何显示以及元素间的相互关系。由 CSS 定义的所有元素都可以拥有像盒子一样的外形和平面空间，包含有边界、边框、填充、内容区域和背景（包括背景色和背景图像），其效果如图 9-3 所示。填充是边框和内容之间的距离，边界是边框和其他框之间的距离。

值得注意的是，当给一个盒子添加背景，那么背景会应用于内容和填充组成的区域。同时，如果元素设置了宽度和高度时，边界、边框、填充都在设置的 width 和 heigh 之外。另外，盒子中可以套盒子，即可达到在一个区域上叠加一层的显示效果。

图 9-3　盒子模型

2．盒子模型的计算

在用盒子模型进行网页布局时，可将网页分成几个区域，这些区域如何分，则需要给出各区域的宽度和高度。在 CSS 中是用 width 和 height 来定义框的宽度和高度的。但是，和我们一般意义上的宽度和高度不同，这两个属性不是包含所有的 4 项的宽度（或高度），而是指内容区域的宽度和高度，不包含其他 3 项。

通过盒子的概念，现可以分析出图 9-3 中的页面里的元素所占的实际空间是多少。实际宽度为：

```
margin-left+border+padding-left+width+padding-right+border-right+margin
-right
```

同理，页面元素所占的实际高度为：

```
margin-top+bordet-top+padding-top+height+padding-bottom+bordet-bottom
+margin-bottom
```

例如定义一个盒子内容为：

```
#box {width:100px;padding:10px;margin:20px; border:1px solid #000000}
```

这个标准盒子在网页中占据宽度的计算可参考图 9-3，得出盒子总宽度为：100+10×2+20×2+1*2=162px。

9.1.2　盒子定位

1．盒子在标准流中的定位

盒子模型关系到网页设计中的排版、布局和定位等操作，网页中的任何一个元素都必须遵守盒子模型规则，如 div、span、hl-h6、p、strong 等，这些网页元素一般分为块级元素和行内元素两种，他们在使用盒子模型时都有各自的特征，这里特别提到 div 元素和 span 元素这两个元素，它们是最常用的块级元素和行内元素。

（1）块级元素在标准流中的定位

块级元素是指段落、标题、列表、图片、表格、表单、div 和 body 等元素，其特点是每个块级元素在页面中都从新的一行开始显示，其后元素另起一行进行显示，块级元素所代表的对象以一个对象一行的方式、从上到下的顺序进行排列。若有 3 个块级元素不做其他任何设置，其对应位置的显示效果如图 9-4 所示。

图 9-4　块级元素效果图　　　　**图 9-5　行内元素效果图**

（2）行内元素在标准流中的定位

行内元素是指 a、span、input、button、label 等元素，其可以进行各自的样式设计等其他操作处理，每个元素不必在新行上显示，也不会让其他元素在新行上显示。若有 3 个行内元素不做其他任何设置，其对应位置的显示效果如图 9-5 所示。

在具体使用时，可以根据情况通过 display 属性实现相互转换，如 "display:block" 可以将行内元素转换成块级元素，"display:inline" 可以将块级元素转换成行间元素。

2．盒子的浮动方式

盒子的浮动是指对块级元素进行浮动，使其脱离标准位置，且其后的元素会自动向前流动。浮动的块级元素可以左右移动，直到它的外边缘碰到包含它的框的内边缘或另一个浮动框的边缘。CSS 允许任何元素浮动。

（1）第一个元素浮动的实现方法

在 body 标记对中加入 3 个块级元素，并加入如下代码：

```
<div style="float:left">
 <img src="1.jpg" border="1" width="120" height="100">
</div>
<div>
 <img src="2.jpg" border="1" width="120" height="100">
</div>
<div>
 <img src="3.jpg" border="1" width="120" height="100">
</div>
```

显示的效果如图 9-6 所示，原来另起一行的第二个块级元素内的第二张图片因第一个块级元素内的第一张图片的浮动而自行流动到第一行，而不是另起一行。

图 9-6　第一个元素浮动

（2）第一个与第二个共同浮动的实现方法

在 body 标记对中加入 3 对块级元素，并加入如下代码：

```
<div style="float:left">
 <img src="1.jpg" border="1" width="120" height="100">
</div>
<div style="float:left">
 <img src="2.jpg" border="1" width="120" height="100">
</div>
<div>
 <img src="3.jpg" border="1" width="120" height="100">
</div>
```

　　显示的效果如图 9-7 所示，原来另起一行的第三个块级元素内的第三张图片因第二个块级元素内的第二张图片的浮动也自行流动到第一行，同时也因第二个块级元素与第一个块级元素的同时浮动，第一张与第二张图片紧密靠在一起。

图 9-7　第一个与第二元素共同浮动

（3）块级元素一到三个元素共同浮动的实现方法

在 body 标记对中加入 3 对块级元素，并加入如下代码：

```
<div style="float:left">
 <img src="1.jpg" border="1" width="120" height="100">
</div>
<div style="float:left">
 <img src="2.jpg" border="1" width="120" height="100">
</div>
<div style="float:left">
 <img src="3.jpg" border="1" width="120" height="100">
</div>
```

　　显示的效果如图 9-8 所示，因为 3 个块级元素同时浮动，所以这 3 张图片在同一行，同时都紧密靠在一起。

图 9-8　3 个元素共同浮动

（4）清除浮动属性

使用 clear 属性可以清除浮动属性，用来防止内容跟随一个浮动的元素，迫使它移动到浮动的下一行。属性值的取值范围是：left，清除左侧浮动，把元素推到前面生成的向左浮动的元素下面；right，清除右侧浮动，把元素推到前面生成的向右浮动的元素下面；both，清除两侧浮动，把元素推到前面生成的所有元素下面；none，不清除浮动，取消前面的定位。

在实际应用中，clear 属性还用于实现盒子高度的扩展。对于一个页面中的父容器在没有设置高度的情况下，当容器中的元素均为浮动元素时，由于浮动元素脱离了标准流，在父容器标准中就没有任何元素了，此时会出现父容器与元素分离的状况。

例 9-1：实现图片浮动靠右。

```html
<html xmlns="http://www.w3.org/1999/xhtml">
  <head>
    <meta http-equiv="Content-Type" content="text/html; charset=utf-8" />
    <title>例 9-1</title>
    <style>
      img { float:right;  /*设置图片浮动*/
          width:100px; /*设置图片宽度*/
          height:100px /*设置图片高度*/
          }
    </style>
  </head>
  <body>
    <div>
      <img src="tu.jpg" /> 浮动图片
    </div>
  </body>
</html>
```

运行效果如图 9-9 所示。

图 9-9   运行例 9-1 后的效果

例 9-2：建立一个产品中心的二级横向菜单。

```html
<html xmlns="http://www.w3.org/1999/xhtml">
  <head>
    <meta http-equiv="Content-Type" content="text/html; charset=utf-8" />
```

```
<title>横向菜单</title>
<style>
 *{ margin: 0;  /*统一设置元素外边距*/
   padding: 0; /*统一设置元素内边距*/
   }
 body{background-image:url(img0.jpg);} /*设置网页背景*/
 #box { margin-left: 30px; } /*设置菜单的左边距*/
 #box ul {  list-style-type: none; /*设置列表的符号外形*/
          font-family: sans-serif; /*设置菜单字体*/
        }
 #box ul li {float:left;} /*设置列表项浮动*/
 #box a { padding: 5px 7px 5px 28px; /*设置元素的内边距*/
       display:block; /*设置元素独立换行*/
       opacity: 0.8; /*设置元素的透明度*/
       width: 125px; /*设置元素的宽度*/
       color: #dbdeed; /*设置元素中文字的颜色*/
       background-color: #0153a7; /*设置元素的背景色*/
       text-decoration: none; /*设置元素中文字无下划线*/
       border-top: 1px solid #fff;
       border-left: 1px solid #fff;
       border-bottom: 1px solid #333;
       border-right: 1px solid #333; /*设置元素的边框*/
       font-weight: bold; /*设置元素中文字的粗细*/
       font-size: .8em; /*设置元素中文字的大小*/
       }
 #box a:hover {color: #000;
           background-color: #bfcae6;
           opacity: 0.8;
           text-decoration: none;
           border-top: 1px solid #333;
           border-left: 1px solid #333;
           border-bottom: 1px solid #fff;
           border-right: 1px solid #fff;
           }
 #box ul ul li {clear:left;}  /*设置菜单中的子菜单元素不浮*/
#box ul ul a { padding: 5px 5px 5px 30px;
       width: 125px;
       color: #0153a7;
```

```
                display:block;
                background-color: #dbdeed;
                opacity: 0.6;
                text-decoration: none;
                }
      #box ul ul a:hover{color: #000000;
                background-color: #bfcaeb;
                opacity: 0.6;
                text-decoration: none;
                }
    </style>
  </head>
  <body>
    <div id="box">
      <ul >
        <li><a href="#" >元器件</a>
          <ul>
            <li><a href="#" >电阻</a></li>
            <li><a href="#">电容</a></li>
            <li><a href="#">电位器</a></li>
          </ul>
        </li>
        <li><a href="#">模块</a>
          <ul>
            <li ><a href="#" >IC</a></li>
            <li><a href="#">普通</a></li>
          </ul>
        </li>
        <li><a href="#">散热器</a>
          <ul>
            <li><a href="#">电脑散热器</a></li>
            <li><a href="#">工业散热器</a></li>
          </ul>
        </li>
        <li><a href="#">电线电缆</a>
        </li>
      </ul>
    </div>
```

```
    </body>
</html>
```

运行效果如图 9-10 所示。其中 opacity 的设置源于滤镜属性的设置。滤镜属性的语法为：filter：滤镜名(参数)。现在网页中的许多内容都处理为半透明的效果，就是使用的这个属性，写为：filter:alpha(opacity=n)。其中 alpha 用于设置图片或文字的不透明度，opacity 则是不透明的程度，其值为 1 时为不透明，为 0 时则为全透明，一般取值为 0.6~0.8 效果最好。在本例中只写为 opacity=0.8 的形式，只能在 IE 浏览器才能看到效果。

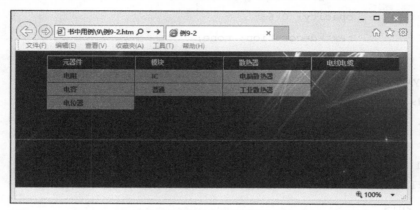

图 9-10　运行例 9-2 后的效果

3. 盒子的定位

盒子的定位是指网页元素的定位，是把某个元素置于页面中的某个位置。可以使用表格和 DIV 块两种方式来实现。其中，表格是传统的布局方式，不适用于 Web 标准，因此 DIV 布局是技术的主流。要确定网页元素的页面位置，首先需要理解 CSS+DIV 模式中定位的实现方法，CSS 定位属性允许用户对元素进行定位。

CSS 定位（Positioning）属性通过 top、bottom、right 和 left 属性来实现网页元素位置的确定，其定位方法主要有 4 种，分别是静态（static）定位、绝对（absolute）定位、固定（fixed）定位和相对（relative）定位。

基本语法格式为：

```
position:static| absolute | fixed | relative
```

【属性】

static：默认属性值，指元素按照标准流（包括浮动方式）进行布局。

relative：即相对定位。指元素位置以标准流的排版方式为参照，相对于其在标准流中的位置发生偏移。在相对定位时，元素没有脱离原 Html 流，而是在原初始的位置处做了垂直或水平距离的设置，移动到了别处，其原占据的初始位置没有变化。这种定位是通过设置 left、right、top、bottom 等属性在正常文档流中偏移位置。例如，在对 3 个块级元素进行浮动时，增加对第二个块级元素的样式设置 #div2 {position:relative;left:20px;top:20px}，会出现如图 9-11 所示的显示效果。

图 9-11　相对定位

absolute：即绝对定位。指元素位置以其最近的父容器为基准进行偏移，且从标准流中脱离，元素放在一个新层上，通过设置 left、right、top、bottom 等属性让元素相对于其最接近的一个有定位设置的父对象获得绝对定位，由于元素设置了绝对定位，它不会受到普通流的影响，其后的元素位置会受到影响，紧贴定位元素的前一个元素。如在对 3 个块级元素进行浮动时，增加对第二个块级元素的样式设置#div2 {position: absolute;left:20px;top:20px}，产生如图 9-12 所示的显示效果。绝对定位的第二个元素被放到了一个新层上，覆盖普通流的元素，且位置相对于"最近"的"已定位"的祖先元素进行偏移。如果元素没有已定位的祖先元素，那么它的位置相对于 body 进行偏移。

图 9-12　绝对定位

由于元素的绝对定位会产生元素的层叠，CSS 通过 z-index 属性来处理这个问题。z-index 实现 z 轴（即各个层相互叠加垂直的方向）上层叠的顺序的设置，其值为无单位的整数，大值对应的层在上层，小值则对应的层在下层。z-index 的值也可以为负值。

fixed：固定定位类似于绝对定位，其以浏览器窗口为基准进行定位。

例 9-3：建立多个行内元素的绝对定位，实现文字块的层叠。

```
<html xmlns="http://www.w3.org/1999/xhtml">
  <head>
    <meta http-equiv="Content-Type" content="text/html; charset=utf-8" />
    <title>例 9-3</title>
    <style type=text/css>
      span {font-size: 32pt}
      span.level2 { z-index: 2; /*设置元素的层叠的顺序，上层*/
              left: 100px; /*设置元素的左侧绝对位置*/
              top: 100px; /*设置元素的顶部绝对位置*/
              color: red; /*设置元素中文字的颜色*/
              font-weight:bold; /*设置元素中文字的粗细*/
              position: absolute; /*设置元素为绝对定位*/
              background-color:#ffccff;
              }
```

```
         span.level1 { z-index: 1; /*设置元素的层叠的顺序，下层，未设此值时默认 0*/
                left: 120px;
                top: 120px;
                color: green;
                background-color:#66ffcc;
                font-weight:bold;
                position: absolute;
                }
         span.level0 { left: 130px;
                color: blue;
                top: 130px;
                background-color:#0CF;
                font-weight:bold;
                position: absolute;
                }
      </style>
   </head>
   <body>
     <span class="level0">最下层的块。</span>
     <span class="level1">中间层的块。</span>
     <span class="level2">最上层的块。</span>
   </body>
</html>
```

运行效果如图 9-13 所示。

图 9-13　运行例 9-3 后的效果

例 9-4：实现图片的相对定位。

```
<html xmlns="http://www.w3.org/1999/xhtml">
   <head>
     <meta http-equiv="Content-Type" content="text/html; charset=utf-8" />
     <title>例 9-4</title>
     <style type="text/css">
        img{ width:300px;
```

```
          height:200px;
          }
     .bgdiv{ position:relative;  /*设置元素为相对定位*/
          background:#2f333a;
          width:300px;
          }
     .imgdiv{ background:#fff;
          position:relative;
          top:30px;
          left:50px;
          }
   </style>
 </head>
 <body>
   <div class="bgdiv">
     <div class="imgdiv" >
        <img src="tu.jpg">
     </div>
   </div>
 </body>
</html>
```

运行效果如图 9-14 所示。

图 9-14 运行例 9-4 后的效果

例 9-5： 实现图片的固定定位。

```
<html xmlns="http://www.w3.org/1999/xhtml">
  <head>
    <meta http-equiv="Content-Type" content="text/html; charset=utf-8" />
    <title>例 9-5</title>
    <style type="text/css">
      body { background-color:#dfcdec;
          overflow-y:auto;  /*设置网页内容溢出时出现滚动条*/
```

```
            }
    #imgdiv{ position:fixed;  /*设置元素为固定定位*/
            top:20px;  /*设置元素顶部距离的固定值*/
            left:50px;  /*设置元素左侧距离的固定值*/
            }
  </style>
</head>
<body>
  <div>
    <p>盒子的固定定位是以浏览器为基准的定位。<br /></p>
  </div>
  <div id="imgdiv">
    <img src="tu.jpg" style="width:100px;height:100px" />
  </div>
  </body>
</html>
```

运行效果如图 9-15 所示。

图 9-15　运行例 9-5 后的效果

任务实施

1. 启动 Dreamweaver CS6，新建一个 HTML 文件。

2. 在代码窗口中的<body></body>标记内输入代码，如图 9-17 内容所示，实现布局页面设计。

3. 在代码窗口的<head><style></style></head>这两对标记中输入设置各样式表的代码，如图 9-16 内容所示。

4. 在文件菜单中选择保存后，找到你想要保存的文件路径，保存为*.html 文件。

5. 运行后观察选择不同的主选项，在同一区域内有不同的内容显示。并可进行适当的修改和调试。

```
#newBox { position:absolute;
    width:240px;
    height:170px;
    border:1px solid #CCC;}
#newContent { margin:0px;
    width:240px;
    height:170px;
    overflow:hidden;}
#newCaption { position:absolute;
    left:1px;}
ul{ margin:0px;
    padding-left:3px;
    padding-top:40px;
    background:url("title.jpg") no-repeat 1px 1px;}
#a{ background-position:1px 1x;
background-color:#ebfff9;}
#b{ background-position:79px 1px;
background-color:#e6e6fa;}
#c{ background-position:159px 1px;
background-color:#f1e4ea;}
li { padding-left:5px;
    height:27px;
    font-size:12px;
    white-space:nowrap;
    overflow:hidden;}
#newCaption a { display:block;
    float:left;
    border-right:1px solid #cccccc;
    border-bottom:2px solid #cccccc;
    margin-top:3px;
    width:78px;
    height:31px;
    line-height:31px;
    text-align:center;
    font-size:12px;
    color:#000;
    text-decoration:none;
    font-weight:bold;}
```

图 9-16　任务实现代码 1

```
<div id="newBox">
    <div id="newCaption">
        <a href="#a">销售产品</a>
        <a href="#b">特色产品</a>
        <a href="#c">热点品牌</a>
    </div>
    <div id="newContent">
        <ul id="a">
            <li><a href="">电阻</a></li>
            <li><a href="">电容</a></li>
            <li><a href="">电位器</a></li>
            <li><a href="">电感</a></li>
            <li><a href="" >继电器</a></li>
        </ul>
        <ul id="b">
            <li><a href="">二三极管</a></li>
            <li><a href="">传感器</a></li>
            <li><a href="">集成电路</a></li>
            <li><a href="" >开关</a></li>
            <li><a href="" >散热器</a></li>
        </ul>
        <ul id="c">
            <li><a href="">FAIR</a></li>
            <li><a href="">TXISL</a></li>
            <li><a href="">NXP</a></li>
            <li><a href="" >ST</a></li>
            <li><a href="" >XILNX</a></li>
        </ul>
    </div>
</div>
```

图 9-17　任务实现代码 2

任务 9.2　销售产品页面布局设计

任务描述

　　在网站中要展示的企业产品众多，产品的图片大小也各有不同，则需要将企业的产品按照一定规则排列后显示出来，使企业的客户能快速找到自己关心的产品。

　　本任务通过编写 HTML 代码设计网页，实现如图 9-18 所示的效果。该网页引用了样式，将产品实行按统一大小、统一距离等指定规则排列。

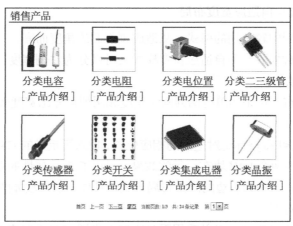

图 9-18　任务实施效果图

知识引入

9.2.1 一行多列布局

由于 CSS 的主要优点是实现了结构与内容的分离，同时也不需要使用表现性标记就可实现页面表现处理，因此，网页设计中最常使用的就是 DIV+CSS 技术布局网页。这种布局技术主要依赖于 3 个基本概念：浮动(float)、定位(position)和盒子模型(box model)。如果掌握了盒子的相关知识，学会控制元素在页面上的排列和显示方式，则可很容易地用 D IV+CSS 设计出自己所需要的网页，完成页面的整体效果设计。

常见的布局视图有一行多列的布局和多行多列的布局形式。而在一行中又分为一行单列、一行二列、一行三列的布局方法。

1．一列固定宽度与自适应宽度布局

一列式布局是所有布局的基础，从适应浏览器的角度而言，一列布局可以分为固定宽度和自适应宽度两种模式。所谓固定宽度是指其宽度的属性值是固定像素，反之，自适应宽度是指宽度随浏览器的变化而变化。

（1）一列固定宽度

一列固定宽度是采用将 DIV 这个块级元素浮在左上角或固定在左上角的方式来设置布局。DIV 固定在左上角的方法如下：

① 在 HTML 文档的<head>标记对之间的相应位置，输入 CSS 样式代码固定布局：#div1{ background−color: #CCCCCC; border:3px solid #ff3399; width:300px; height:200px }。

② 在 HTML 文档中加入：<div id="div1">1 列固定宽度，要设置像素值。</div>

（2）一列自适应宽度

一列自适应宽度是采用百分比（％）定义 DIV 这个块级元素宽度或采用 text−align 属性设置（属性值 center 实现适应页面自动居中）方式来设置布局。采用百分比设置 DIV 的实现方法如下：

① 在 HTML 文档的<head>标记对之间的相应位置，修改 CSS 样式代码即可自适应布局：#div1{ background−color: #CCCCCC; border:3px solid #ff3399; width:60%; height:70% ; }。

② 在 HTML 文档中加入：<div id="div1">1 列固定宽度，要设置像素值。</div>

2．二列固定宽度与自适应宽度布局

二列式布局是布局中较常用的模式，从适应浏览器的角度而言，二列布局可以分为固定宽度和自适应宽度两种模式。而自适应宽度模式又可以分为左侧宽度自适应、右侧宽度自适应两种，其实现方法类似。

一行两列的网页布局可采用单行两列固定宽度和两列百分比宽度来布局。

（1）二列固定宽度

在 HTML 文档的<head>标记对之间的相应位置，输入所定义的 CSS 样式代码。因为 DIV 为块级元素，为了实现两个 DIV 块在一行的效果，采用了 float 属性的浮动效果实现第一列浮在左上角、第二列浮在第一列右边的固定布局方式，具体实现方法如图 9−19 所示。

（2）二列自适应宽度

在二列自适应宽度模式中，可以采用百分比宽度设置右侧或左侧的自适应宽度。采用 3

种方式来产生：①一或两列采用百分比（如：第一列 DIV 为 30%、第二列 DIV 为 70%）自适应宽度和绝对定位；②一或两列采用百分比自适应宽度，第一列浮在左上角，第二列浮在右上角的方式；③一或两列采用自适应百分比宽度，第一列浮在左上角，第二列浮在第一列右边的方式。

```
                              body{
                                margin:0px;
                                padding:0px;
<head>                        }
<link  rel=stylesheet href=2.css>  #left
</head>                       {float:left;
<body>                          width:150px;
<div id=left>                   height:200px;
<span>左块</span>               background-color:#cceeff;
</div>                          padding:20px;
<div id=right>                 }
<span>右块</span>              #right
</div>                        {width:850px;
</body>                         height:200px;
                                background-color:#ffccee;
                                padding:20px;
```

图 9-19　二列固定宽度的网页

　　具体的操作方法现以通过第二列浮于第一列右边的自适应模式为例来说明，此时第二列 DIV 块没有设置宽度的值，其可随浏览器的变化而变化。为实现这种二列自适应宽度的方式，在 HTML 文档的<head>标记对之间的相应位置，输入所定义的 CSS 样式代码和 DIV 块代码如图 9-20 所示。

　　二列固定宽度与自适应宽度布局在浏览器中的效果如图 9-21 所示。

```
                              body{
                                margin:0px;
                                padding:0px;
<head>                        }
<link  rel=stylesheet href=2.css>  #left
</head>                       {float:left;
<body>                          width:15%;
<div id=left>                   height:200px;
<span>左块</span>               background-color:#cceeff;
</div>                          padding:20px;
<div id=right>                 }
<span>右块</span>              #right
</div>                        {height:200px;
</body>                         background-color:#ffccee;
                                padding:20px;
                              }
```

图 9-20　二列自适应宽度的网页　　　　　　　　图 9-21　二列布局网页效果

3．三列中间宽度自适应布局

　　三列中间宽度自适应的布局使用浮动定位方式，基本可实现从一列到多列的固定宽度及自适应。实现一行三列布局的方式有 3 种：（1）第一列和第三列都采用绝对定位（右列定位在右上），第一列和第三列固定宽度，第二列根据左右栏的间距变化自适应页面的方式；（2）第一列定位在左上，第三列定位在右上，第二列浮在左列右面，第一列和第三列固定宽度，第二列自适应页面的方式；（3）三列都采用绝对定位，第一列和第三列固定宽度，第二列根据内容自适应的方式。

　　为实现三列中间宽度自适应的效果，在 HTML 文档中输入 DIV 代码，并在<head>标记对之间的相应位置定义 CSS 样式代码。其中，left 代表第一列，right 代表第三列，middle 代表第二列，具体方法如图 9-22 所示。

```
                              body{
                                margin:0px;
                                padding:0px;
<html>                        }
<head>                        #left
<link  rel=stylesheet href=3.css>  {float:left;
</head>                         width:15%;
<body>                          height:200px;
<div id=left>                   background-color:#cceeff;
<span>左块</span>               padding:20px;
</div>                        }
<div id=right>                #right
<span>右块</span>              {float:right;
</div>                          width:15%;
<div id=middle>                 height:200px;
<span>中间块</span>            background-color:#ffccee;
</div>                          padding:20px;
</body>                       }
                              #middle
                               {height:200px;
                                background-color:#eeffcc;
                                padding:20px;
                               }
```

图 9-22　三列布局的网页

在以上的 HTML 代码中，各部分出现的顺序是非常重要的。第一列和第三列 div 必须在第二列之前出现，这样才可以使屏幕第一列和第三列先出现在屏幕两侧，然后再让第二列的内容流到第一列和第三列之间。否则可能会出现第二列占据屏幕一侧或者两侧的现象，这样浮动的部分就会跑到第二列的下面，而不是第二列的旁

图 9-23　三列布局网页效果

边了。中间宽度自适应三列布局在浏览器中的效果如图 9-23 所示。

9.2.2　多行多列布局

1.三行三列自适应宽度布局

用绝对定位方法从 CSS 中得到固定宽度的布局并不困难，但是要得到自适应布局就有些困难了。因此，下面介绍一种用 CSS 的 float 和 clear 属性来获得三列自适应布局的方法。该实例的基本布局包含 5 个 DIV，其 DIV 块的布局简图如图 9-24 所示。

图 9-24　三行三列布局

在图 9-24 中，标题和页脚占据整个页宽，第一列和第三列都是固定宽度的，并且用 float 属性将其挤压到浏览器窗口的左侧和右侧。第二列占据了整个页宽，第二列的内容在第一列和第三列两栏之间流动，并根据浏览器窗口的改变进行伸缩。第二列 DIV 左侧和右侧的填充（padding）属性用于保证内容安排在一个整齐的栏中，甚至当它伸展到边栏（第一列或者第三列）的底端时也是如此。

为实现三行三列中间宽度自适应的效果，在 HTML 文档中加入 DIV 代码，在<head>标记对之间的相应位置，输入所定义的 CSS 样式代码。其中，left 代表第一列，right 代表第三列，middle 代表第二列，三行三列自适应宽度布局在浏览器中的效果如图 9-24 所示。

具体方法如图 9-25 所示。

```
                                body{
                                margin:0px;
                                padding:0px;
                                }
                                #header
                                {clear:both;
                                height:50px;
                                background-color:#aaaaaa;
                                padding:20px;
<head>                          }
<link  rel=stylesheet href=4.css>    #left
</head>                         {float:left;
<body>                           width:15%;
<div id=header>                  height:200px;
上块                              background-color:#cceeff;
</div>                           padding:20px;
<div id=left>                   }
中左块                            #right
</div>                          {float:right;
<div id=right>                   width:15%;
中右块                            height:200px;
</div>                           background-color:#ffccee;
<div id=middle>                  padding:20px;
中间块                            }
</div>                          #middle
<div id=footer>                 {height:200px;
下块                              background-color:#eeffcc;
</div>                           padding:20px;
</body>                         }
                                #footer
                                {clear:both;
                                 color:white;
                                 height:50px;
                                 background-color:#666666;
                                 padding:20px;
                                }
```

图 9-25　三行三列布局的网页代码

2．DIV 的嵌套

用 DIV+CSS 布局网页，是一定存在 DIV 嵌套的处理的。在浏览网页时，经常看到如图 9-26 所示的结构的网站，这可以在三行三列布局的网页中，在对应的块级元素里再去嵌套一些块级元素而产生的。

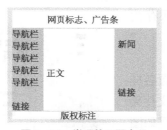

图 9-26　常见的网页布局

任务实施

1．启动 Dreamweaver CS6，新建一个 HTML 文件。

2．在代码窗口中的<body></body>这对标记内输入代码，如图 9-27 所示，实现布局页面设计。

```
<div id=box>
<strong>
<font face="Arial, Helvetica, sans-serif" size="-1">销售产品
</font>
</strong>
<hr color="#336699">
<div id=middle>
<div id=lhead>
<img src="dz1.jpg"><br />
<a href="#">左上块</a>
</div>
<br/>
<div id=lfoot>
<img src="dz2.jpg"><br />
<a href="#">左下块</a>
</div>
</div>
<div id=middle>
<div id=lhead>
<img src="dz3.jpg"><br />
<a href="#">中左上块</a>
</div>
<div id=lfoot>
<img src="dz4.jpg"><br />
<a href="#">中左下块</a>
</div>
</div>
<div id=middle>
<div id=lhead>
<img src="dz5.jpg"><br />
<a href="#">中右上块</a>
</div>
<div id=lfoot>
<img src="dz6.jpg"><br />
<a href="#">中右下块</a>
</div>
</div>
<div id=middle>
<div id=lhead>
<img src="dz7.jpg"><br />
<a href="#">右上块</a>
</div>
<div id=lfoot>
<img src="dz8.jpg"><br />
<a href="#">右下块</a>
</div>
</div>
</div>
```

图 9-27　任务实现代码 1

```
img
{width:110px;
 height:100px;}
a
{color:#03126f;
 text-decoration:none;
 font-size:12px;}
#box
{clear:both;
 width:800px;
 background-color:#ffeecc;
 padding:20px;}
#middle
{float:left;
 width:25%;
 height:360px;
 background-color:#ddeeff;
 padding-left:10px;
 padding-top:20px;}
#lhead
{float:left;
 width:90%;
 height:120px;
 background-color:#dcdcff;
 padding:20px;}
#lfoot
{clear:left;
 width:90%;
 height:120px;
 background-color:#cdcdfc;
 padding:20px;}
```

图 9-28　任务实现代码 2

3．在文件菜单中选择保存后，找到你想要保存的文件路径，保存为 *.html 文件。

4．新建一个 CSS 文件。

5．在代码窗口输入代码设置各样式表，如图 9-28 所示，在相同文件夹下将其保存为 x.css 文件，实现如图 9-29 所示的页面效果。

6．向对应块内添加和调整部分元素，可实现如图 9-18 所示的页面效果。

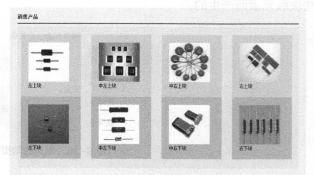

图 9-29　网页设计效果图

项目实训

设计产品中心栏目的整体布局，设计效果如图 9-30 所示。

图 9-30　设计页面效果图

1. 启动 Dreamweaver CS6，新建一个 HTML 文件。

2. 在代码窗口中的<head></head>这对标记内输入代码<link rel="stylesheet" href="5.css">。

3. 在<body></body>这对标记内输入代码，如图 9-31 所示，实现布局页面设计。

4. 在文件菜单中选择保存后，找到你想要保存的文件路径，保存为*.html 文件。

5. 新建一个 CSS 文件。

6. 在代码窗口输入代码对各样式表设置，如图 9-32 所示。

```
<head>
<link   rel=stylesheet href=5.css>
</head>
<body>
<div id=header>
<div id=hhead>
上上块
</div>
<div id=hfoot>
上下块
</div>
</div>
<div id=left>
<div id=lhead>
左中上块
</div>
<div id=lfoot>
左中下块
</div>
</div>
<div id=middle>
中间块
</div>
<div id=footer>
<div id=fleft>
下左块
</div>
<div id=fmiddle>
下中块
</div>
</div>
<div id=bottom>
底块
</div>
</body>
```

图 9-31　项目实现代码 1

```
#header
{clear:both;
 height:50px;
 background-color:#ffeecc;
 padding-top:20px;
 padding-bottom:10px;
}
#hhead
{float:left;
 width:100%;
 height:20px;
 background-color:#ccaa99;
 padding:20px;
}
#hfoot
{clear:left;
 width:100%;
 height:20px;
 background-color:#996666;
 padding:20px;
}
#left
{float:left;
 width:15%;
 height:300px;
 background-color:#cceeff;
 padding-left:10px;
 padding-top:20px;
}
#lhead
{float:left;
 width:90%;
 height:120px;
 background-color:#aabbff;
 padding:20px;
}
```

```
#lfoot
{clear:left;
 width:90%;
 height:120px;
 background-color:#99aaff;
 padding:20px;
}
#middle
{ height:300px;
 background-color:#eeffcc;
 padding:20px;
}
#footer
{clear:both;
 height:100px;
 background-color:#ffccee;
 padding-top:10px;
 padding-bottom:10px;
}
#fleft
{float:left;
 width:15%;
 height:100px;
 background-color:#ff99cc;
 padding:20px;
}
#fmiddle
{height:100px;
 background-color:#ff66aa;
 padding:20px;
}
#bottom
{clear:both;
 height:50px;
 background-color:#cccccc;
 padding:20px;}
```

图 9-32　项目实现代码 2

7. 在文件菜单中选择保存后，在布局网页所在的相同文件夹下保存为 a.css 文件。

8. 运行布局网页查看网页效果如图 9-33 所示，可进行适当的修改和调试。

9. 向对应块内添加具体的元素，可实现如图 9-30 所示的页面效果。

图 9-33　网页分区效果图

习题

1. 网页元素中的块级元素与行内元素有什么区别？
2. 简述理解的盒子模型。
3. 如何使块级元素浮动起来？
4. CSS 的定位方式有哪几种？有什么区别？
5. 盒子中的边框与补白指的是什么？
6. 可采用哪两种方式形成菜单？
7. 写出右端浮动的广告的样式。
8. 用 DIV+CSS 样式表设计音乐分享网站的布局。

第3部分

进阶篇

PART 10

项目 10
广告服务实现

知识目标

1. 掌握行为、事件和动作的基本概念与定义。
2. 掌握事件的调用、添加与修改的方法和技巧。
3. 掌握 JavaScript 语言的基本要素及代码的编写规范。
4. 掌握 Document 对象模型的使用。
5. 掌握 Windows 对象和子对象的使用。
6. 掌握 Document 对象和子对象的使用。

能力目标

1. 具备阅读并正确理解 HTML 文档中 JavaScript 代码的能力。
2. 具备应用 JavaScript 脚本语言的能力。
3. 具备独立编写与调试 JavaScript 代码的能力。
4. 具备通过程序编写实现操作 Windows 对象的能力。
5. 具备通过程序编写实现操作 Document 对象的能力。
6. 具备通过程序编写实现操作 Windows 对象的子对象的能力。
7. 具备通过程序编写实现操作 Document 对象的子对象的能力。

学习导航

　　本项目完成网站的功能设计模块的弹出式广告服务窗口以及服务价格详情选择性折展的实现，同时也实现浮动招商位的广告服务。项目在企业网站建设过程中的作用如图 10-1 所示。

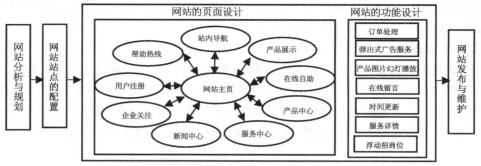

图 10-1　学习导航图

任务 10.1　弹出式广告服务

任务描述

　　许多网页不仅包含了用 HTML 语言加入的文本、图像和表现形式的 CSS 的网页效果，还包含许多其他的交互效果，如鼠标移动时某一图像时，图像变大并显示出相关信息；又或是接收用户端通过键盘输入的信息，判断其格式是否符合标准来进行其后的对应处理。这些功能的实现是由 JavaScript 脚本程序所来实现的。

　　本任务通过编写 HTML 源代码设计网页，并使用 JavaScript 实现进入网站首页后弹出广告服务窗口且该窗口在一段时间后自动关闭，产生的网页效果如图 10-2 所示。

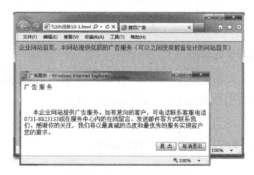

图 10-2　任务实现效果

知识引入

10.1.1　JavaScript 基础

1．JavaScript 的基础知识

（1）JavaScript 简介

　　JavaScript 是网景(Netscape)公司开发的一种基于客户端浏览器、面向对象的网页脚本语言。其前身称为 Livescript，可通过文本编辑器编写嵌入在网页文档中的程序，在服务器端运行，也可由客户端解释和执行，通过事件驱动式实现 Web 平台上的一张图片、一个 DIV 等

内容的即时刷新，也能实现动态操作 DOM 对象，主动发送 HTTP 请求并与服务器端交互数据，还可通过面向对象实现功能复杂的应用。

在使用 JavaScript 之前，先了解一下事件与事件处理机制。

用户端对网页的操作很多，如在搜索网站中输入"新闻头条"，可以看到当天的新闻内容。在这个过程中，键盘按下、单击鼠标等动作都被称为事件。当这些动作发生时，会需要网页做出对应的响应，实现以各种方式更改页面或引发某些任务，这个过程称为是事件处理，也称为行为。而引发这一具体行为的程序称为事件处理程序，如嵌入在 HTML 中的脚本语言实现的程序。

当网页上发生事件后进行的事件处理若全由服务器端来完成，则需要不断进行网络间的大量通信，响应速度上较慢，且性能也差，因此，可通过客户端的脚本即网页驻留在客户机上的程序直接对网页进行的验证或响应用户动作，完成无需进行网络和服务器间通信的事件处理，可降低网络的传输量和服务器的负荷，改善系统的整体性能，这样客户端脚本语言得以广泛应用，其中使用最多的是几乎被所有浏览器支持的 JavaScript。

（2）HTML 中的 JavaScript 程序使用

JavaScript 脚本程序可以用 3 种方法进行编写。

① 直接嵌入在 HTML 的<script></script>标记中。

在<script></script>标记对中编写脚本代码，可以放在<head></head>或<body></body>中。如：

```
<script language="javascript">
var x=8;
alert(x);
</script>
```

② 独立编写 JavaScript 文件。

将脚本代码放置在一个单独的文件中，并将文件扩展名设为 js，则产生了一个 Javascript 脚本文件。可在网页文件中引用此文件实现其功能。如：

```
<html>
<script src="xa.js" language="javascript">
</script>
</html>
```

③ 作为属性值。

JavaScript 扩展了标准的 HTML，为 HTML 标记增加了各种事件属性。如：

```
<input type="button" value="firsttext" onclick="alert()">
```

（3）JavaScript 程序编写注意事项

① 语句

严格区分大小写，且执行语句的最后用";"号结束。

② 变量名

变量命名是由字母、下划线或美元符号开头、其后内容是下划线、美元符号或任何字母或数字字符的名称，JavaScript 有保留的关键字，如:"var"、"for"。完整的保留关键字见表 10-1。

表 10-1　JavaScript 关键字

break	case	catch	continue	default
delete	do	else	finally	for
function	if	in	instanceof	new
return	switch	this	throw	try
typeof	var	void	while	with

③ 注释

分为单行注释（//注释内容）和双行注释（/*注释内容*/）。

2．JavaScript 的基本语法

（1）基本数据类型

① 常量

不能改变的数据即是常量。其分为 整型（如 十进制数 621、八进制数 0621、十六进制数 0x6a）、实型（如 31.21、3e5）、布尔型（只有两值 true、false）和字符串型（如 'a'、"abcd" 或特殊转义字符 "\n"、"\'"）。

② 变量

变量是一个标记内存单元的标记符，这个内存单元用来存储数据。通过定义一个变量名，系统分配一个内存，程序通过该变量名来表示、修改这个内存空间的数据。

JavaScript 采用了弱类型的变量形式，即不要求指定变量中包含的数据类型，在使用或赋值时可以自动确定其数据类型。在 JavaScript 中，用 var 关键字声明变量，如：

```
var a; a=123; a="abc";
```

第二条语句中变量 a 被赋予了数字类型的值，a 是整数类型的变量。在程序运行到下一条语句时，变量 a 被赋予了字符串类型的值，a 则变成了字符串变量。

（2）运算符与表达式

① 运算符

运算符是一种特殊的符号，用于实现操作数之间的运算、比较、赋值等。常用的运算符有+、—、*、/、%、=、<、>、<=、>=、!=、==、&&、||、!等。

② 表达式

将运算符与操作数组合起来即为表达式，实现对操作数实施运算或获取运算值，如 a=b+1。

（3）程序结构

① 顺序结构

顺序结构的程序是指程序从前到后一句句执行的结构。如 var a=3;　var b=4; a=a+b; 指的就是先执行将 3 赋给 a，再执行将 4 赋给 b，最后将 3+4 的结果赋给 a。

② 选择结构

选择结构的程序是指根据选定条件是否满足决定其后的工作，是在二者或多者之间满足一种会继续执行的程序。

if 语句

语法结构：

```
if(条件表达式)
    {
        执行语句
    }
```

语句执行过程：当 if 后的小括号中的条件表达式成立时，则执行其后花括号中的执行语句，条件表达式不成立时执行花括号后的语句。若不存在花括号，则在条件语句成立时执行 if 小括号后的一条语句。

if 语句允许嵌套。如：

```
if(条件表达式)
    {
    if(条件语句)
        {
            执行语句
    }
    }
```

if…else 语句

语法结构：

```
if (条件表达式)
{执行语句 1
}
else {执行语句 2
}
```

语句执行过程：当 if 后的小括号中的条件表达式成立时，则执行其后花括号中的执行语句 1，条件表达式不成立时执行花括号后的执行语句 2。

if…else 语句也允许嵌套。

switch 语句

语法结构：

```
switch(表达式)
    {
        case 取值 1:执行语句 1;
        case 取值 2:执行语句 2;
        case 取值 3:执行语句 3;
        ……
        default: 执行语句 n;
    }
```

语句执行过程：将 switch 后的表达式的结果与 case 后的值比较，当比较结果相同时执行其后的执行语句，直到碰到 break 语句或函数返回语句为止。注意也包含其后的其他 case 中的执行语句。default 语句可选，在表达式的值与所有 case 后的取值都不同时，执行其后的执行语句 n。

③ 循环结构

循环结构的程序是指在满足一定条件的前提下重复执行选定语句的程序。

while 语句

语法结构：

```
while(条件表达式)
    {
        执行语句
    }
```

语句执行过程：当 while 后的条件表达式成立时，执行花括号中的执行语句，再判定条件表达式是否成立，成立执行括号中的执行语句，如此重复，直到条件表达式不成立时执行花括号后的语句。若无花括号且条件表达式成立则重复执行 while 后的一条执行语句。

do...while 语句

语法结构：

```
do
    {
        执行语句
    } while(条件表达式)
```

语句执行过程：先执行花括号中的执行语句，再判定条件表达式是否成立，成立则执行花括号中的执行语句，如此重复，直到条件表达式不成立时执行 while 后的语句。

for 语句

语法结构：

```
for(初始化表达式;循环条件表达式;循环变量调整表达式)
    {
        执行语句
    }
```

语句执行过程：先执行小括号中的初始化表达式，判定循环条件表达式是否成立，成立则执行花括号内的执行语句，表达式不成立则执行括号后的语句。当执行语句执行完后，执行 for 后小括号中的第三个表达式，再进行循环条件表达式判定，成立则执行花括号内的执行语句，如果重复，直至循环条件表达式不成立退出循环。

for...in 语句

语法结构：

```
for(变量 in 对象或数组)
    {
        执行语句
```

语句执行过程：对数组或对象中的所有元素或属性进行循环，变量获得的是数组元素的下标。

循环结构的语句都允许嵌套。

在选择结构和循环结构的程序中，会出现 break（无条件跳出 switch 语句和循环结构）、continue（终止当次循环）语句来改变程序运行的方向。

例 10-1：选择结构程序用例，实现根据客户的不同打分显示满意度。

```html
<html>
  <head>
    <title>例 10-1</title>
    <meta charset="utf-8">
  </head>
  <body>
  <script>
  var a=70;
   document.write("if 语句示例：意见分为："+a+"<br>");
   if(a>60)  //意见分大于 60 分，网页输出满意，否则不满意
   {  document.write("您的意见为满意！<br>");
   }
   else
   {  document.write("您的意见为不满意！<br>");
   }
  document.write("<br>");
  a=90;    //给定 a 变量的值为 90
  document.write("if 语句嵌套示例：意见分为：90 分<br>");
  if(a<60)   //小于 90 分网页显示不满意
   document.write("您的意见为不满意！<br>");
  else if(a>=90)  //大于等于 90 分网页显示常满意
     document.write("您的意见为非常满意！<br>");
    else       //大于等于 60 分且小于 90 分网页显示满意
     document.write("您的意见为满意！<br>");
  document.write("<br>");
  a=50;
  document.write("switch 语句示例：意见分为：50 分<br>");
  switch(a/10)
  {  case 1:
    case 2:
    case 3:
```

```
            case 4:
            case 5:
                document.write("您的意见为不满意！<br>");
                break;
            case 6:
            case 7:
            case 8:
                document.write("您的意见为满意！<br>");
                break;
            case 9:
            case 10:
                document.write("您的意见为非常满意！<br>");
                break;
            default:
                break;
        }
    document.write("<br>");
    </script>
    </body>
</html>
```

运行结果如图 10-3 所示。

例 10-2：循环结构程序用例，实现显示 i 的所有和部分取值。

```
<html>
    <head>
        <title>例 10-2</title>
        <meta charset="utf-8">
    </head>
    <body>
    <script>
    document.write("while 语句示例：<br>显示 i 的所有取值");
    var i=1;  //循环变量赋初值
    while(i<=10)  //循环次数小于等于 10 次输出循环次数
    { document.write(" ",i,", ");
        i++;
    }
    document.write("<br><br>");
    document.write("do-while 语句示例：<br>显示 j 的所有取值");
    var j=1;
```

```
    do
    { document.write(" ",j,", ");
      j++;
    }while(j<=8);
    document.write("<br><br>");
    document.write("for 语句示例：<br>显示 k 的所有取值");
    for(k=1;k<=6;k++)
    { document.write(" ",k,", ");
    }
    </script>
  </body>
</html>
```

运行结果如图 10-4 所示。

图 10-3 运行例 10-1 后的网页

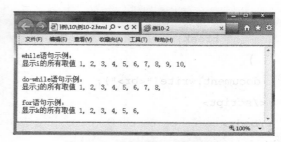

图 10-4 运行例 10-2 后的网页

（4）函数

将一个大的程序分解成小程序块独立起来，这些独立后的小程序块实现各自的特定功能，即函数。函数能实现独立的任务，使程序清晰易懂。在大程序块中任何需要实现这些功能的位置，引用这些函数来实现功能即可，提升了代码重用率。

① 函数定义

语法格式：

function 函数名（形参列表）

{执行语句

return 表达式;}

其中 function 为关键字，表示定义一个函数，其后是定义的函数名，也是调用时的名字，其后的小括号中的形参列表是需要以"，"隔开，在调用时获得实参值。这些形参只在该函数中起作用，所以需要使用 return 语句获得其函数的返回值。

② 函数调用

语法格式：

函数名（实参列表）

在需要实现函数功能处写出函数名即可，实参可选，但要与形参个数相同，并用"，"分开。

例 10-3：函数的定义和调用用例，实现有欢迎提示的页面，并提供问卷调查，并根据调查结果显示友好提示。

```
<html>
    <head>
        <title>例 10-3</title>
        <meta charset="utf-8">
        <script>
            function hello(sName,sMessage)    //函数定义, sName 和 sMessage 为形参, 函数
调用时会获得实参的值
            { document.write("Hello, 欢迎"+sName+sMessage+" <br>");
            }
            function question()
            { var m=prompt("能参与问卷调查吗? 您是老顾客吗? 请选填 1/0",0);  //输入 1 或 0
赋给 m
            if(m==1)
            alert("欢迎您的再次光临");
            }
        </script>
    </head>
    <body>
        <script>
            hello("您","光临本网站! ");  //函数调用, 括号中给出两个实际要输出的字符串
            question();
        </script>
    </body>
</html>
```

运行结果如图 10-5 所示。

图 10-5　运行例 10-3 后的网页

10.1.2　Window 对象

对象是客观世界中存在的特定实体, 对一类事物进行描述, 由复杂数据类型的事物的若

干个属性构成的集合体。其自身有 3 个要素：属性（一类事物包含的变量）、方法（操作对象包含属性的函数）与事件（对对象进行的动作及响应）。如网页可以被看成一个对象，页面有其背景色与前景色的属性，有关闭和打开的方法，有操作鼠标键的动作和实现打开和关闭页面的响应。而对于一个对象的属性设置与其方法的引用非常简单，通常的写法为：对象名.属性和对象名.方法名（ ）。如需要在网页中写内容时，调用浏览器对象的文档对象的 write 方法，写为 window. document.write（"显示的内容"）；即可。该格式中的对象和对象间的关系基于DOM 对象模型。

1．DOM 对象模型

DOM（Document Object Model），称为文档对象模型，是 W3C (万维网联盟)提供的一套 Web 新标准，用于访问诸如 XML 和 XHTML 文档的标准。其定义了访问 HTML 中各对象的一套属性、事件和方法，实现程序和脚本（如 PHP、java、JavaScript 等）动态地访问和更新文档的内容、结构以及表现层，完成与浏览器平台语言无关的应用程序接口（API），从而可以访问到页面的标准组件和数据、脚本、表现层对象。

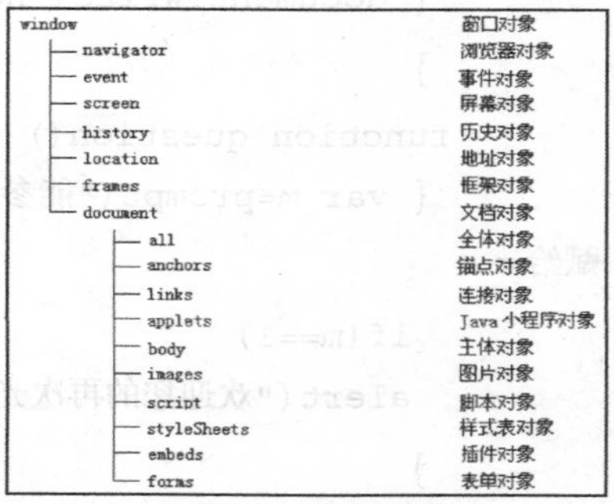

图 10-6　DOM 对象树

DOM 将网页中文档的对象关系规划为节点层级，构成它们之间的等级关系。这种各对象间的层次结构被称为节点树，树中的所有节点为浏览器中的所有对象，对应在 DOM 对象模型中各对象间的层次关系如图 10-6 所示。可通过树的层次关系访问各节点对象，并修改或删除它们的内容，也可以创建新的节点对象。

2．Window 对象

Window 对象代表浏览器的整个窗口，是 JavaScript 的顶层对象。通过对 Window 对象的操作就是对浏览器窗口的设置，如改变状态栏显示文字、改变窗口大小等。

（1）Window 对象的方法

常用的 Window 对象的方法如下。

① alert()方法

显示具有确认按钮的提示对话框。该方法的语法格式：

```
alert(<字符串>)
```

显示字符串的内容。

② confirm()方法

显示具有确认和取消按钮的提示对话框，其返回值为 true 和 false。该方法的语法格式：

```
confirm(<字符串>)
```

③ prompt()方法

显示一个用户可以输入信息的对话框，以用户输入在文本框中的值为方法返回值。该方法的语法格式：

```
prompt(<字符串>[, <初始值>])
```

此方法可指定了初始值，对话框中的文本框里有此默认值。函数的返回值为字符串。

④ open()方法

打开一个新的浏览器窗口。该方法的语法格式：

```
open("url","目标窗口","窗口属性设置")
```

url 指定打开的新窗口的地址；目标窗口是打开窗口的方式，分为_blank（新窗口打开）、_self（本窗口打开）；窗口属性设置的可选参数有 toolbar（是否有标准工具条）、location（是否有位置输入字段）、directions（是否有标准目录按钮）、status（是否有状态栏）、menubar（是否有菜单栏）、scrollbar（是否有滚动条）、revisable（是否能改变窗口大小）、width（确定窗口宽度）、height（确定窗口高度）。

⑤ close()方法

关闭当前浏览器窗口。该方法的语法格式：

```
window.close() 或 self.close()
```

⑥ setInterval()方法

设置浏览器每隔多长时间调用指定的函数，以毫秒为单位。该方法的语法格式：

```
变量名=setInterval(函数名，间隔时间)
```

⑦ setTimeout()方法

设置浏览器过多长时间后调用指定的函数，以毫秒为单位。该方法的语法格式：

```
变量名= setTimeout(函数名,间隔时间)
```

⑧ clearInterval()方法

取消 setInterval 方法的设置。该方法的语法格式：

```
clearInterval(变量名)
```

⑨ clearTimeout()方法

取消 setTimeout 方法的设置。该方法的语法格式：

```
clearTimeout(变量名)
```

⑩ moveTo()方法

将浏览器窗口移动到屏幕指定 X，Y 轴数值的位置。该方法的语法格式：

```
[<窗口对象>.]moveTo(x, y)
```

⑪ moveBy()方法

将浏览器窗口相对当前坐标移动指定的像素。该方法的语法格式：

```
[<窗口对象>.]moveBy(x, y)
```

⑫ scrollTo()方法

将浏览器窗口滚动到屏幕的某个位置。该方法的语法格式：

```
[<窗口对象>.]scrollTo(x, y)
```

⑬ scrollBy()方法

将浏览器窗口相对当前坐标滚动指定的像素。该方法的语法格式：

```
[<窗口对象>.]scrollBy(x, y)
```

⑭ resizeTo()方法

改变浏览器窗口的大小。该方法的语法格式：

```
[<窗口对象>.]resizeTo(width, height)
```

⑮ resizeBy()方法

浏览器窗口相对改变大小。该方法的语法格式：

```
[<窗口对象>.]resizeBy(width, height)
```

参数值取负值时浏览器窗口减小。

例10-4：实现提示性输入框输入 0 时将窗口向右下方移动，在输入框中输入非零数时将窗口调整为指定大小。

```html
<html>
    <head>
        <title>例10-4</title>
        <meta charset="utf-8">
    </head>
    <body>
     <script >
     var result=parseInt(prompt("输入 1 为改变窗口大小, 不输入或输入 0 为移动窗口位置",
0));    //输入是否改变窗口的大小并将值附给 result
        if(result)
         { document.write("改变窗口至指定大小");
            window.resizeTo(300,200);   //函数调用
         }
        else
         { document.write("向右向下移动窗口位置");
          window.moveTo(150,200);
         }
     </script>
    </body>
</html>
```

运行结果如图 10-7 所示。程序内出现的 parseInt()方法是内置方法，其可以将小括号中的值强制转换成整型数。

图 10-7　运行例 10-4 后的网页

例 10-5：实现会员登陆设置，输入会员姓名后打开网页，并显示温馨用户提示。网站页面打开后，实现原网页的定时提示性关闭。

```html
<html>
  <head>
      <title>例 10-5</title>
      <meta charset="utf-8">
    <script>
    function openwin()
     { var name=prompt("请输入会员姓名：","张三");
      win=window.open("new.html","_blank" ," width=500, height=200"); //在宽
为 500px、高为 200px 的窗口中打开名为 new.html 的网页
      if(win!=null&&!win.closed)  //如果输入了会员姓名，将显示在网页中
        { win.document.write("您好，",name,"!","<br>","欢迎光临本网站！");
        }
      }
    </script>
  </head>
  <body onload="openwin()">  <!--网页装载时调用 openwin 函数-->
    <script>
    setTimeout('window.close()', 10000);  //过 10 秒后调用关闭函数，关闭窗口
    </script>
  </body>
</html>
```

运行结果如图 10-8 所示。

图 10-8　运行例 10-5 后的网页

（2）Window 对象的属性

Window 对象常用的属性如下，取值均是 yes/no。

closed：返回 window 对象的窗口是否关闭的 true 或 false 值。

opener：返回打开当前窗口的父窗口对象。

defaultstatus:设置和返回窗口状态栏中默认的文本内容。

status：设置和返回窗口状态栏中当前的文本内容。

screenTop：返回窗口左上角顶点与屏幕顶部的像素值。

screenLeft：返回窗口左上角顶点与屏幕左端的像素值。

例 10-6：实现窗口状态栏中的内容每隔 5 秒变化一次。

```html
<html>
  <head>
   <title>例 10-6</title>
   <meta charset="utf-8">
   <script>
    var str='欢迎光临本网站！';
    var flag=0;
    function showstr()
     { flag=!flag;  //条件取反
      if(flag)    //flag 为 1 时在网页状态栏中输出 str 字符串的值
       { window.status=str;
       }
      else
      { window.status="****欢迎光临本网站！****";
       }
      setTimeout("showstr()",5000);  //每隔 5 秒调用 showstr 函数
      }
  </script>
  </head>
  <body onload="showstr()">
  </body>
</html>
```

运行结果如图 10-9 所示。

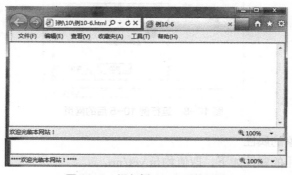

图 10-9　运行例 10-6 后的网页

实际上本题的实现还可以使用 setInterval 来实现。setTimeout 是过一段时间调用一次

showstr()函数，所以在需要多次变化时就需要多次调用。而 setInterval 为每隔一段时间就调用一次 showstr()函数，所有不需要多次调用也能实现变化。此题是将 setTimeout("showstr()",5000) 语句去除，在<body onload="showstr()"> </body>这对标记中加入内容：<script>setInterval ("showstr()",5000)</script>。

（3）Window 对象的事件

Window 对象的常用事件如下所示。

onload 事件：浏览器窗口装载时的事件。

onunload 事件：浏览器窗口卸载时的事件。

onbeforeunload 事件：浏览器窗口准备卸载文档之前的事件。

大多数通用的事件如下所示。

onfocus 事件：成为焦点时的事件。

onblur 事件：失去焦点时的事件。

onchange 事件：内容更改时的事件。

onclick 事件：对象被单击时的事件。

onmousedown 事件：鼠标放在对象上按下鼠标键时的事件。

onmouseup 事件：鼠标放在对象上弹起鼠标键时的事件。

onmouseover 事件： 鼠标进入对象范围时的事件。

onmouseout 事件： 鼠标离开对象时的事件。

onkeydown 事件：键盘按下按键时的事件。

onkeyup 事件：键盘弹起按键时的事件。

onkeypress 事件：按下后弹起一个数字或字母键时的事件。

例 10-7：实现提供百度链接与用户登录提示，鼠标经过链接时提示将跳转到搜索页，用户登录文本框成为焦点时提示要输入用户名，失去焦点时提示是否有输入用户名。

```html
<html>
  <head>
    <title>例 10-7</title>
    <meta charset="utf-8">
    <script>
    function yougo()
     { if(confirm("你确定要搜索吗？"))
      alert("即将跳转到搜索页！");
     }
    function intext()
     { alert("请输入用户名后登录！");
     }
    function outtext()
     { alert("您输入用户名了吗？");
     }
```

```
  </script>
  </head>
  <body>
    <p><a href="http://www.baidu.com/" onMouseOver="yougo()">百度搜索</a>  <!--
鼠标经"百度搜索"文字时调用 yougo 函数-->
    </p>
    <form name="form1">
     <p>请输入用户名：
      <input type="text" size="10" onFocus="intext()"
onBlur="outtext()"></input><br> <!--文本框成为焦点时调用 intext 函数，文本框失去焦点
时调用 outtext 函数-->
      <p>请输入密码：
      <input type="text" size="10"></input><br>
    </form>
  </body>
</html>
```

运行结果如图 10-10 所示。

图 10-10　运行例 10-7 后的网页

任务实施

1. 启动 Dreamweaver CS6，新建一个 html 文件，文件名为 index。

2. 在代码窗口中的<body></body>标记内输入 onload="winopen()"，在代码窗口中的
<head></head>这对标记中加入代码，内容如下所示。

```
<script>
  function winopen()
  {window.open("ad1.html","_blank" ," toolbar=no,menubar=no, width=500,
  height=200, scrollbar=yes,status=yes");
  }
</script>
```

3. 新建一个 html 文件，文件名为 ad1，在代码窗口中的<body></body>这对标记内输入代码，内容如下所示。

```
<div id="title">广 告 服 务</div>
 <p></p><br/>
 <div id=divmap>
  <p>      本企业网站提供广告服务。如有意向的客
户，可电话联系客服电话 0731-8823133 或在服务中心内的在线留言、发送邮件等方式联系我们。感
谢你的关注，我们将以最真诚的态度和最优秀的服务实现客户您的需求。</p>
 </div>
 <p align="right">
  <input type="button" value="退  出"
  onClick="timer = setTimeout('window.close()',5000);alert('5 秒后退出！');
">
  <input type="button" value="取消退出" onClick="clearTimeout(timer);alert
('取消退出！'); ">
 </p>
</div>
```

4. 在文件菜单中选择保存后，找到你想要保存的文件路径，保存两个文件，运行查看网页效果并进行适当的修改和调试。

任务 10.2　广告详情展示

任务描述

上个任务实现了网页加载时弹出了一个广告窗口，这个窗口网页用户不想看到，则会用鼠标实现对窗口的关闭。这是用户与网页之间交互时产生的操作，而这个事件的产生将执行相关联的一段 JavaScript 程序代码，通过程序执行过程完成对的网页窗口对象的关闭的处理。在这个处理环节中，我们关闭的是窗口，其实也是 DOM 对象。

在网页中如果实现 DOM 与 CSS（级联样式表）、脚本语言结合使用，会使网页与用户之间动态交互更强。因此，W3C 组织提出的一种新规范，对原有的 HTML 进行了扩充，形成三者统一的 DHTML（Dynamic HTML，动态 HTML），实现如菜单的折叠与打开、页面元素的外观动态改变等动态特效。

本任务通过编写 HTML 源代码设计网页，并使用 JavaScript 实现广告报价详情的选择性收展显示，在点击普通会员报价时显示普通会员的广告服务价格，再次点击时会隐藏普通会员的广告服务价格，产生的网页效果如图 10-11 所示。

图 10-11　任务实现效果

知识引入

10.2.1　Document 对象

1．Document 对象

Document 对象代表浏览器窗口中装载的整个 HTML 文档，在文档中的每个 HTML 元素都可以与一个 JavaScript 对象对应，从而来操作和引用这些元素的属性。

（1）Document 对象的属性

常用的 Document 对象的属性如下所示。

alinkColor：链接被选中时的颜色。

linkColor：链接未做任何操作前的颜色。

vlinkColor：链接已被访问的颜色。

bgColor：文档的背景颜色。

fgColor：文档的默认前景色。

cookie：设置或返回服务器发送给客户端的文本数据，即 cookie 字符串，其是文档对象的属性，存放在 cookie.txt 文件中，用于辨别用户身份，进行 session 跟踪，因此我们通常用来识别用户和密码。

fileCreatDate：返回该网页文档的创建时间的字符串格式。

fileModifiedDate：返回该网页文档的修改时间的字符串格式。

lastModified：返回该网页文档的最后修改日期的字符串格式。

fileSize：返回当前网页文档的大小。

referrer：包含链接的文档的 URL，用户单击该链接可到达当前文档。

title：文档的标题。

例 10-8：实现设置页面的背景颜色、前景颜色、页面中链接文字的颜色和链接已被访问后的颜色。

```
<html>
  <head>
  <title>例10-8</title>
  <meta charset="utf-8">
```

```
<script>
function changeshow()  //设置网页文档各属性的颜色
{ with(document)
  { bgColor="pink";
   fgColor="blown";
   vlinkColor="grey";
   alinkColor="purple";
   }
}
</script>
</head>
<body onLoad="changeshow()">
<script>
document.write("<p>页面文字的颜色原是黑色，现颜色已改变。同时页面链接文字：
         "+"</p>");
document.write("<p>页面链接颜色：</p>" );
document.write("<a href='http://www.baidu.com'>www.baidu.com</a>");
</script>
</body>
</html>
```

运行结果如图 10-12 所示。

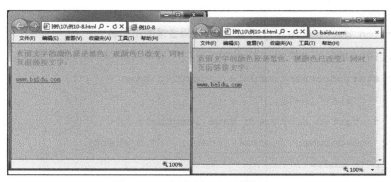

图 10-12　运行例 10-8 后的网页

with 语句与 for…in…语句是两个专用于对象的语句。其中 with 语句是指对写在小括号内的对象名的这个对象，在｛｝中可以直接引用该对象的属性名或方法名，不必再在每个属性和方法名前都加入对象实例名和点。如例题 10-8 中的 bgColor="pink"相当于 document.bgcolor="pink"。

在代码中的 write()方法的小括号内，双引号中的内容在网页中会原样输出，但如果有一些标记存在时，网页文档会将其识别以实现标记的对应功能，同时还会存在一些"+"号，则起到连接前后字符串的作用。

（2）Document 对象的方法

常用的 Document 对象的方法如下所示。

write()方法：向 HTML 文档中动态写入内容。

writeln()方法：每向 HTML 文档中动态写入内容后换行。

open()方法：打开新文档。

close()方法：关闭当前打开文档。

clear()方法：消除当前文档中的所有内容。

getElementById()方法：返回 id 值为指定参数的 HTML 元素所对应的对象。因此，在一个 HTML 文档中不能有相同 id 值的不同对象。当获取到 HTML 中指定的对象时，可操作该对象的 4 个属性：innerText（动态输入文本）、innerHTML（动态输入 HTML 标记）、 outerText（动态输出文档）、outerHTML（动态输出 HTML 标记）。

getElementByName()方法：返回 name 值为指定参数的所有 HTML 元素对应的对象数组。

getElementByTagName()方法：返回标记为指定参数和所有 HTML 元素对应的对象数组。

createElements()方法：产生一个代表某个 HTML 元素的对象。

createStyleSheet()方法：为当前 HTML 文档产生一个样式表或增加一条样式规则。

例 10-9：实现个人输入用户名登录后，将其放入 cookie 文档中，显示存入成功的窗口，并能在网页的指定位置获得该用户的名字，并显示对该用户的友好文字。

```html
<html>
<head>
  <title>例 10-9</title>
   <meta charset="utf-8">
  <script>
  function getCookie(c_name)  //获得登录的用户名
  { if (document.cookie.length>0)  //如果找到cookie值可带回
  { c_start=document.cookie.indexOf(c_name + "=");
    if (c_start!=-1)
    { c_start=c_start + c_name.length+1;
     c_end=document.cookie.indexOf(";",c_start) ;
     if (c_end==-1)
      c_end=document.cookie.length;
     return unescape(document.cookie.substring(c_start,c_end)) ;
    }
   }
  return "";
  }
  function setCookie(c_name,value,expiredays)//设置登录用户名
  { var exdate=new Date();
   exdate.setDate(exdate.getDate()+expiredays) ;
```

```
        document.cookie=c_name+ "=" +escape(value)+((expiredays==null) ? "" :
";expires="+exdate.toGMTString());
        //cookie 名称、输入的用户名和过期日期放入 cookie 对象
        }
    function usercookie()
    { var input_name=prompt ("请输入您的用户名","游客");
     var username=getCookie('username');
     setCookie('username',input_name,365);
     var newwin=window.open('','_blank','width=500,height=100'); //在新窗
口中打开
     if (username!=null && username!="")
      { newwin.document.write("您登录成功, 写入了 cookie! "+"您的姓名:"+
username);
      newwin.focus();//网页成为焦点
      str1="您好, "+username+"。欢迎光临!";
      newwin.opener.document.getElementById('div1').innerHTML='<span
style="color:red">'+str1+'</span>'; //str1 字符串的值回写到原网页中指定 ID 号为 div1
块中
      }
      else
      { username=prompt('请再次输入:');
       if (username!=null && username!="")
        { setCookie('username',username,365) ;}
      }
    }
  </script>
  </head>
  <body onLoad="usercookie()">
    <div id="div1">欢迎光临! </div>
  </body>
</html>
```

运行结果如图 10-13 所示。

cookie 的处理方法是在添加和修改登录等信息时,如果原有的 cookie 名存在,就对原有的 cookie 处理,并可指定 cookie 的声明周期、访问路径及访问域。删除则是将一个 cookie 的过期事件的时间设置为一个过去的时间。

(3) Document 对象的事件

Document 对象没有特定的事件,其支持的事件均为通用事件。

图 10-13 运行例 10-9 后的网页

2．Document 对象的子对象

Document 对象的子对象是一组对象的集合，因而在引用时会经常使用数组的操作形式。

forms 数组： HTML 文档中的所有<form></form>表单标记对的集合，是指在文档中按顺序从上往下、从前往后的顺序依次出现的所有表单。第一个出现的表单的引用为 forms[0]。

anchors 数组：HTML 文档中所有指定 name 属性或 id 属性的<a></a>锚点标记对的集合。

links 数组：HTML 文档中所有指定 href 属性的<a></a>链接标记对的集合。

images 数组：HTML 文档中所有<img>图像标记的集合。

script 数组：HTML 文档中所有<script></script>脚本标记对的集合。

applets 数组：HTML 文档中所有<applet></applet>JavaScript 小程序标记对的集合。

all 数组：HTML 文档中的所有标记对象的集合。

styleSheet 数组：HTML 文档中的所有<style>、<link >、@import 标记对的集合。

body 对象：HTML 文档中的<body></body>主体标记对，代表文档正文部分。其可对主体中的内容进行设置，常用的方法：appendChild()（动态生成一个 HTML 对象），常用的属性:background（设置网页中背景图片）、 clientWidth（设置对象可见区域的宽、高，不含滚动条和边框）、innerText（设置对象中的文字）、innerHTML（设置对象中的 HTML 代码）、offsetWidth（设置对象中包含边线可见区域的宽、高）、scroll（设置滚动条是否显示）、scrollWidth（设置对象中完整内容的宽、高）、topMargin/ leftMargin/rightMargin/bottomMargin（设置对象的上、左、右、下边距）。嵌套在标记对中的元素可作为 body 对象的属性使用，如：all 数组（对应的 HTML 标记中包含的所有子元素对象的集合）、style 对象（设置某个对象的 HTML 标签的样式风格）。

title 对象：HTML 文档中的<title></title>标记对。

例 10-10：实现网页中的友情链接对象的相关信息显示。

```
<html>
  <head>
    <title>例 10-10</title>
    <meta charset="utf-8">
    <script>
     function objshow()
     { alert("共有"+document.all.length+"标记对象"); /*html、head、title、
script、body、p、a（三个）、form、input 这些标记共十一个，a 标记是第 7~9 个标记。*/
       win=window.open('','','width=300,height=200');
```

```
      for (var i=6;i<9;i++)
        { win.document.write("<li>"+"第"+(i+1)+"个对象是:
"+document.all[i].href+" 链接"+"</li>");
          }
      win.document.body.background="bg.jpg"; //网页背景图片为"bg.jpg";
        }
      function view()
      { alert("共有"+document.links.length+"友情链接: "+document.links[0]+"、
          "+document.links[1].href+"、"+document.links[2].host);
        }
      </script>
  </head>
  <body onLoad="objshow()">
    <p>网站友情链接: </p>
    <a href="http://www.baidu.com/">百度</a>
    <a href="http://www.google.com/">谷歌</a>
    <a href="http://www.yahoo.com/">雅虎</a>
    <form name="form1">
      <input type="button" value="查看链接信息" onClick="view()">
    </form>
  </body>
</html>
```

运行结果如图 10-14 所示。

图 10-14　运行例 10-10 后的网页

10.2.2　Window 对象的子对象

Window 对象除了有 document 子对象外，还有 location 对象、screen 对象、history 对象、navigator 对象、frame 对象和 event 对象这些子对象。

1．frame 对象

frame 对象表示一个 HTML 框架，其用于 HTML 的帧标记（<frameset>、<iframe>）进行编程的 JavaScript 对象。HTML 中每出现一次<frame>会创建一个 frame 对象。其属性如下所示。

contentDocument：设置容纳框架内容的文档。

FrameBorder：设置或返回是否显示框架周围的边框。

id：设置或返回框架的 id。

longDesc：设置或返回指向一个包含框架内容描述的文档的 URL。

name：设置或返回框架的名称。

noResize：设置或返回框架是否可调整大小。

scrolling：设置或返回框架是否可拥有滚动条。

src：设置或返回应被加载到框架中的文档的 URL。

2．location 对象

location 对象是由 JavaScript runtime engine 自动创建的，它存储在 window 对象的 location 属性中，提供有关当前显示文档的 URL，用于设置和返回当前网页的 URL 信息。其常用的属性与方法如下所示。

hash：设置或返回从#号开始的 URL。

host：设置或返回主机名和当前 URL 的端口号。

href：设置或返回完整的 URL。

hostname：设置或返回当前 URL 的主机名。

pathname：设置或返回当前 URL 的路径部分。

port：设置或返回当前 URL 的端口号。

protocol：设置或返回当前的 URL 协议。

search：设置或返回从问号开始的 URL。

assign()方法：加载新的文档。

reload()方法：刷新当前文档。

replace()方法：用新的文档替换当前文档。

3．screen 对象

screen 对象提供了显示器分辨率和色彩度等信息。其常用的属性如下所示。

availHeight：返回除 Windows 任务栏之外的显示屏幕的高度。

availWidth：返回除 Windows 任务栏之外的显示屏幕的宽度。

bufferDepth：设置或返回调色板的比特深度。

deviceXDPI：返回显示屏幕的每英寸水平点数。

deviceYDPI：返回显示屏幕的每英寸垂直点数。

height：返回显示屏幕的高度。

logicalXDPI：返回显示屏幕的每英寸水平方向的常规点数。

logicalYDPI：返回显示屏幕的每英寸垂直方向的常规点数。

pixelDepth：返回显示屏幕的颜色分辨率。

updateInterval：设置或返回屏幕的刷新率。

width：返回显示屏幕的宽度。

例 10-11：实现需要打开的链接窗口从左上方慢慢向右下方扩展直至完全打开，先打开空白页后再加载指定文档。

```html
<html>
  <head>
  <title>例 10-11</title>
  <meta charset="utf-8">
  <script>
  function develop(file1)
  { if (document.all)
    { var openwin = window.open("","","left=0,top=0","width=1,height=1");
      //openwin 对象是打开的一个空网页
    for (var openwinh=1; openwinh< window.screen.availHeight;openwinh+= 3)
    { openwin.resizeTo("1", openwinh);
    } //网页高度未超过计算机屏幕高度时，使打开的网页不断变高，每次为原来高度加 3
     for (var openwinw=1; openwinw< window.screen.availWidth;openwinw+= 5)
    { openwin.resizeTo(openwinw, openwinw);
     }//网页宽度未超过计算机屏幕宽度时，使打开的网页不断变宽，每次为原来宽度加 5
    openwin.location.href = file1;  //网页中显示 open.html 网页内容
     }
    else
    { window.location.href="http://www.163.com";//当前网页窗口显示 163 的首页
     }
    }
  </script>
  </head>
  <body>
  <a href="open.html" onClick="develop('open.html') ">链接展开式窗口</a>
  </body>
</html>
```

运行结果如图 10-15 所示。

图 10-15 运行例 10-11 后的网页

4．history 对象

history 对象提供重新装载浏览器曾经访问过的 URL，由浏览器中的脚本引擎自动创建。这个对象提供了与历史清单有关的信息，保存当前地址前后访问过的浏览历史和浏览网页信息。其常用的属性和方法如下所示。

length：返回浏览器历史列表中的 URL 数量，即用户访问过的不同地址的数目。

currenth：返回窗口中当前所显示文档的 URL。

nextth：返回历史列表中的下一个 URL。

provious：返回历史列表中的上一个 URL。

back()方法：加载历史中当前页的前一个 URL。

forward()方法：加载历史中当前页的后一个 URL。

go()方法：加载历史中的某一个具体页面，参数为整型数字或字符串，数字为 0 时，表示加载当前页面，小于 0 时后退对应数个页面，大于 0 时前进对应数个页面。

5．navigator 对象

navigator 对象是由 JavaScript runtime engine 自动创建的，其提供获取浏览器名称、版本号、操作系统、CPU 类型、浏览器的国家语言等方面的属性信息。其常用的属性和方法如下所示。

appCodeName：返回浏览器的代码。

appName：返回字符串形式的浏览器名称。

appVersion：返回浏览器的平台和版本信息。

browserLanguage：返回当前浏览器的语言。

cupClass：返回浏览器系统的 CUP 等级。

mineTypes：返回可以使用的 mine 类型的信息。

platform：返回运行浏览器的操作系统平台。

systemLanguage：返回 OS 使用的默认语言。

userLanguage：返回 OS 的自然语言设置。

javaEnabled()方法：限定浏览器是否启用 Java，返回一个布尔值。

taintEnabled()方法：限定浏览器是否启用数据污点 data。

preference()方法：允许一个已标识的脚本获取并设置特定的 navigator 参数。

例 10-12：navigator 与 history 对象的使用实现显示当前的浏览器信息及回顾历史页面。

```
<html>
  <head>
  <title>10-12</title>
  <meta charset="utf-8">
  <script>
   function messg()
   { var appName=navigator.appName;
    var appVersion=navigator.appVersion;
    var length=parseFloat(appVersion);  //将浏览器的版本信息转换为浮点类型的数
```

```
        if ((appName=="Netscape"||appName=="Microsoft Internet Explorer") &&
(length>=5))
        { alert("浏览器是"+appName+"浏览器,版本号是"+appVersion);
        }
        else
        { alert("浏览器该升级了！");
        }
        }
    </script>
  </head>
  <body onLoad=" messg ()">  <!--调用浏览器检测函数-->
    浏览器检测
  <form name="form1">
    <input type="button" onClick="history.back();" value="前一页">
    <input type="button" onClick="history.forward();" value="后一页" >
  </form>
  </body>
</html>
```

运行结果如图 10-16 所示。

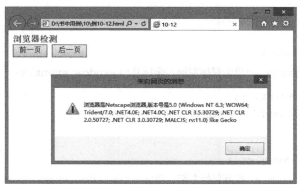

图 10-16　运行例 10-12 后的网页

6. event 对象

event 对象用于获取和设置当前事件的有关信息，如鼠标或键盘的操作，其属性有以下几种。

altKey：事件发生时 Alt 键按下的检测，true 为按下，false 为未按下。

ctrlKey：事件发生时 Ctrl 键按下的检测，true 为按下，false 为未按下。

shiftKey：事件发生时 Shift 键按下的检测，true 为按下，false 为未按下。

clientX、clientY：设置和返回鼠标相对窗口有效工作区（不包含边框和滚动条的区域）顶点的 x、y 坐标。

screenX、screenY：设置和返回鼠标相对屏幕顶点的 x、y 坐标。

offsetX、offsetY：设置和返回鼠标相对事件源顶点的 x、y 坐标。

x、y：设置和返回鼠标事件源的父元素顶点的 x、y 坐标。

returnValue：设置和返回事件的返回值，来判定是否继续对当前事件按默认方式处理。

cancelBubble：设置和返回当前事件是否继续向下传递。

srcElement：设置和返回事件源对象。

keyCode：设置和返回键盘按下、键盘弹起时的按键的 Unicode 码。

button：检测鼠标操作时按鼠标按键的情况。1 为左键，2 为右键，3 为双键。

例 10-13：实现将鼠标按下、松开、经过和离开当前网页窗口时的坐标显示在网页的状态栏中。

```html
<html>
  <head>
    <title>例 10-13</title>
    <meta charset="utf-8">
  </head>
  <body onMouseDown="clickmouse()" onMouseUp="relaxmouse()"
        onMouseOver="comemouse()" onMouseOut="gomouse()">
    <center>
      <h1>获取鼠标坐标</h1><br>
    </center>
    <script>
      function clickmouse()
      { window.status ="单击鼠标左键, 坐标是"+window.event.x+
      ","+window.event. y;
        //单击鼠标左键时当前鼠标的位置
      }
      function relaxmouse()
      { window.status ="松开鼠标左键, 坐标是"+window.event.x+","+window.event.y;
      }
      function comemouse()
      { window.status ="鼠标来到时的坐标是"+window.event.x+","+window.event.y;
      }
      function gomouse()
      {window.status = "鼠标离开时的坐标是"+window.event.x+","+window.event.y;
      }
    </script>
  </body>
</html>
```

运行结果如图 10-17 所示。

图 10-17　运行例 10-13 后的网页

任务实施

1. 启动 Dreamweaver CS6，打开上个任务建立的关于广告的 html 文件。

2. 在代码窗口中的\<body\>标记内加入 onclick="expand()"，在 body 标记对内添加代码，内容如下：

```
<p>
  <u id="out1" class="outline" style="cursor:hand;">普通会员报价</u>
</p>
<div id="out1c"
style="display:none;position:relative;left:0px;top:5px;right:0px;color:
#666666"> 1200 元/年<br/>
</div>
<p>
  <u id="out2" class="outline" style="cursor:hand;">精品会员报价</u>
</p>
<div id="out2c"
style="display:none;position:relative;left:0px;top:5px;right:0px;color:
#666666"> 3000 元/年<br/></div>
<p>
  <u id="out3" class="outline" style="cursor:hand;">VIP 会员报价</u>
</p>
<div id="out3c"
style="display:none;position:relative;left:0px;top:5px;right:0px;color:
#666666"> 6000 元/年<br/></div>
```

3. 在代码窗口中的\<head\>\</head\>标记对内加入\<script src="script/stretch.js" type="text/javascript"\>\</script\>。

4. 在广告文件的文件夹下新建一个名为 script 的文件夹，在其下新建一个文件名为 stretch

且扩展名为 js 的文件，在文件中添加以下内容。

```
function expand()
 { var aId,src1,aElement;
  src1=window.event.srcElement;  //获取事件源
  if(src1.className=="outline")
  {aId=src1.id+"c";
   aElement=document.all(aId);
   if(aElement.style.display=="none")  //如果元素不显示，调整为显示
   aElement.style.display="";
   else aElement.style.display="none";  //否则调整为不显示
   }
 }
```

5. 在文件菜单中选择两个文件保存后，找到你想要保存的文件路径，运行查看网页效果并进行适当的修改和调试。

项目实训

编写 HTML 源代码设计网页，并使用 JavaScript 实现在首页上有浮动广告招商位的功能设计。产生如图 10-18 所示的网页效果，图中椭圆中的内容即是项目实现的功能，其按一定规则漂移。

图 10-18　项目实施效果图

1. 启动 Dreamweaver CS6，打开已建立的网站首页或新建一个 HTML 文件，在代码窗口中的<head></head>标记对中加入如图 10-19 所示的内容。

```
                      var h,w,h1,w1,flag;
                      var  y=1,x=1,a=0, b=0;
                      function ad()
                       { h=msg.offsetHeight;
                         w= msg.offsetWidth;
                         w1 = document.body.clientWidth;
                         h1 = document.body.clientHeight;
                      if (y)
                      { b = b+1; }
                      else
                       { b=b-1; }
                       if (b < 0)
                       { y = 1;
                          b = 0; }
                       if (b >= (h1 - h))
                         { y = 0;
                            b = (h1- h); }
                       if (x)
                         { a = a +1; }
                      else
                         { a = a-1; }
                      if (a < 0)
                         { x = 1;
                            a = 0;     }
                      if (a >= (w1 - w))
                         { x = 0;
                            a = (w1 - w);    }
                      msg.style.left = a + document.body.scrollLeft;
                      msg.style.top = b + document.body.scrollTop;
                      setTimeout('ad()', 50);
                         }
```

图 10-19 项目实现代码

2. 在代码窗口中的\<body\>内加入 onload="ad()"，可在网页装载时实现招商位的漂移，并在\<body\>\</body\>这对标记内输入代码实现招商位这一块级元素的建立，如下所示。

```
<div id="msg" style="position:absolute; width: 200; height: 50;background-color:
#3e7a9d;font-size:36px;text-align:center;color:#98aff3;line-height:50px"
>广告位招商</div>
```

3. 在代码窗口中的\<head\>\</head\>这对标记内输入\<script\>\</script\>标记对，并加入代码如图 10-19 所示，实现块级元素在页面中漂移的具体实现的设计。

4. 在文件菜单中选择保存后，运行网页查看网页效果，可进行适当的修改和调试。

习题

1. 什么是脚本语言？其功能是什么？
2. 脚本语言在网页文档中发挥其作用的方法有哪几种，举例说明。
3. DOM 模型指的是什么？其对应的顶层对象的组成结构是怎样的？

4. Window 对象的主要属性与方法是什么？举例说明如何应用。

5. Window 对象的 onload 事件是在什么情况下被激活的？

6. document 对象的主要属性与方法是什么?举例说明如何应用。

7. 应用 JavaScript 实现计算器功能，设计效果如图 10-20 所示，能实现对输入数的基本算术运算。

图 10-20　计算器实现页面

8. 编写代码实现提示性对话框的弹出功能，要求提示网页背景颜色的设置选择，客户输入后进行网页背景颜色的设置。

9. 编写代码实现人才招聘栏目中的招聘岗位信息显示，在选择其中某一招聘岗位时，显示当前选定的岗位详情。

10. 编写代码完成如下功能：显示当前浏览器的语言和操作系统的默认语言，并实现网站中的当前打开页面可设置收藏在收藏夹中。

11. 编写代码实现网页中加载置顶的功能。

12. 编写代码实现点击首页中登录按钮弹出登录窗口，并将登录窗口填写登录信息回写到首页。

PART 11

项目 11
动态更新实现

知识目标

1. 掌握 Object 对象和 error 对象的使用。
2. 掌握 Math 对象和 Image 对象的使用。
3. 掌握 Data 对象的各种方法。
4. 掌握数组的创建以及数组对象的属性和方法的使用。
5. 掌握各内置对象的属性和方法的使用。

能力目标

1. 具备使用 try...catch 和 throw 语句处理对象的能力。
2. 具备通过编写程序实现操作各内置对象的能力。
3. 具备较强的阅读程序与自学的能力。
4. 具备编写与调试 JavaScript 程序的能力。
5. 具备将 JavaScript 程序加载到各网页中实现网页特效的能力。

学习导航

本项目实现在网站中添加系统时间更新及产品的幻灯播放、动态的旋转字符等功能。项目在企业网站建设过程中的作用如图 11-1 所示。

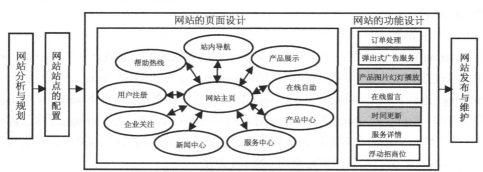

图 11-1 学习导航图

任务 11.1 网站时间更新

任务描述

网站中可以适当的加入一些动态特效，让网页的时间随当前时间而变化，让网页的表现随着时间的变化而改变，达到网站的浏览者更加关注网站和企业动态的目标。

本任务通过编写 HTML 源代码设计网页，并使用 JavaScript 实现一天内不同时段展示不同网页样式效果的功能，即网页换肤功能，产生的网页效果如图 11-2 所示。

图 11-2　任务实现效果

知识引入

11.1.1　内置对象

JavaScript 所提供的一些内部对象为快速开发程序提供了方便，这些内部对象按使用方式可分为两种：一种是动态对象，在引用它的属性和方法时，需使用 new 关键字来创建对象实例，使用"对象实例名.成员"的格式来访问其属性和方法；另一种是静态对象，直接使用"对象名.成员"的格式来访问其属性和方法，如项目 10 讲述的 Window 对象及子对象。

1．Object 对象

Object 对象是 JavaScript 所有对象的基础，提供对象最基本的功能，并提供了一种创建自定义对象很简单方便的方式，无需再定义构造函数，这样可在程序运行时为 JavaScript 对象添加属性和方法。同时 Object 对象具有对象的通用属性和方法，这些属性和方法会在任何一个对象中被继承。

主要的方法如下。

① toString()方法：返回一个字符串，来表示调用对象的类型或值。其中：Array.tostring()返回用逗号连接的表示数组各元素的字符串；Boolean.toString()返回"true"，否则返回"false"；Date.toString()返回日期的字符串；Function.toString()返回函数的定义；Number.toString()返回数字的字符串；String.toString()返回 String 对象的相应字符串；Error.toString()返回包含相应错误信息的字符串。当把一个对象作为参数传递给输出方法或使用"+"运算符将对象与字符串连接时，JavaScript 会自动调用该对象的 toString 方法。

② toLocaleString()方法：返回调用对象的本地化字符串。如果 Object 对象的 toLocaleString() 方法并没有实现任何本地化的功能，其返回结果和 toString()方法返回的结果是一样。但 Array、Date 等对象都重新定义了自己的 toLocaleString()，实现了字符串的本地化。

③ valueof()方法：返回调用对象的原始值，这些值是和调用对象有关系的。Array.valueOf() 返回用逗号连接的表示数组的各元素的字符串，Boolean. valueOf()返回 Boolean 的 true 与 false，Date.valueOf()返回从 1970 年 1 月 1 日 0 时 0 分到日期对象所表示日期的毫秒数，Function.valueOf()返回函数本身，Number.valueOf()返回当前数字，String.valueOf()返回 String 对象的相应字符串。

2．Math 对象

Math 对象提供了一些基本的数学函数和常数，当在数学运算中需要使用这些常数时可直接读取相应的属性值。Math 对象是一个静态对象，不能使用 new 关键字创建对象实例，应直接使用"对象名.成员"的格式来访问其属性或方法。

（1）属性

E：代表数学常数 e，约等于 2.718。

LN10：代表 10 的自然对数，约等于 2.302。

LN2：代表 2 的自然对数，约等于 0.693。

LOG10E：代表以 10 为底 E 的对数，约等于 0.434。

LN2E：代表以 2 为底 E 的对数，约等于 1.443。

PI：代表数学常数 π 的值，约等于 3.14159。

SQRT1–2：代表 2 的平方根分之一，约等于 0.707。

SQRT2：代表 2 的平方根，约等于 1.414。

（2）方法

abs()方法：返回数值的绝对值。

max()、min()方法：返回多个数值中的最大值和最小值。如 Math. Max (number1,number2,...,numberN)；返回 number1 到 numberN 之中最大数的值。

pow()方法：返回数的幂的值。参数有 m 和 n 两个，m 为幂运算的基数，n 为幂运算的指数。返回 m 的 n 次方的值。

exp()方法：返回基数为 e 时的幂值。参数为一个幂运算的指数。

log()方法：返回以 e 为底的自然对数值。参数一个，若为 n，返回以 e 为底 n 的自然对数。

sqrt()方法：返回指定数值的平方根。

sin()、cos()方法：分别返回数值的正弦、余弦值，其值介于 –1 ~ 1。

asin()、acos()方法：分别返回数值的反正弦、反余弦值，其值介于 $-\pi/2 \sim \pi/2$ 和 $0 \sim \pi$。

tan()、atan()方法：分别返回数值的正切、反正切值。

floor()方法：返回小于等于数值的最大整数，即数值向下取整。

ceil()方法：返回大于等于数值的最小整数，即数值向上取整。

random()方法：返回介于 0 ~ 1 的随机小数。其和 round()方法结合使用，可产生一定范围的随机整数。round()方法是返回与给出的数值表达式最接近的整数。若要产生 a 到 b 之间的随机整数则写为 Math.round(Math.random()* (b−a) +b)。

例 11-1：实现在页面打开前先需输入随机验证码，验证码输入正确才能打开网页，否则提示错误并和可选择再次输入与退出，如再次输入正确可进入网页。

```html
<html>
  <head>
    <title>例 11-1</title>
    <meta charset="utf-8">
  </head>
  <body>
    <script>
      var go,x,y,result,answer;
      do
      { x=Math.floor(Math.random()*90)+10;  //产生两位的随机数
       y=Math.floor(Math.random()*90)+10;
      result=""+x+y; //形成 4 位的随机数，用于验证
      answer=prompt("请输入验证码："+x+y); //输入内容赋值给 answer
      if(answer==result)  /判断 4 位的随机数是否等于输入数，相等则验证通过
        { go=confirm("验证码正确，可进入本网站下载！");
         if(go)
         { window.open("例 11-3.html","_blank" ,"width=500, height=200");
          //在新窗口中打开例 11-3 的网页
         }
      else go=confirm("对不起，验证码错误！\n 要继续吗？");
      }
    while(go);
    </script>
  </body>
</html>
```

程序运行效果如图 11-3 所示。

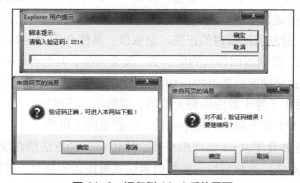

图 11-3　运行例 11-1 后的网页

3. error 对象

error 对象是一个异常类，是其他异常类的父类。其有两个参数。

name：异常的类型。

message：异常详细信息的字符串。

（1）error 类的子类

evalError 类：出现 eval 函数不正确使用时抛出的实例。

rangeError 类：出现数值超出 JavaScript 中合法的范围时抛出的实例。

referenceError 类：出现一个不存在的变量的值被读取时，抛出的实例。

syntaxError 类：出现 JavaScript 程序语法错误时抛出的实例。

typeError 类：出现值的类型不符合要求时抛出的实例。

URIError 类：出现字符串不符合编码或译码方法的要求时抛出的实例。编码方法指的是 decodeURI 方法和 decodeURIComponent 方法，译码方法指的是 decodeURI 方法和 decodeURIComponent 方法，解码方法指的是 encodeURI 方法和 encodeURIComponent 方法。

（2）异常的处理方法

①try...catch...finally 语句

JavaScript 异常处理过程是通过抛出并捕获异常来实现的。抛出异常是指在 JavaScript 程序执行过程中出现异常或手动抛出异常时，会自动创建一个异常类对象，将异常提交给浏览器的过程。此时，浏览器接收到异常对象后，会找寻能处理这一异常的代码且把当前的异常对象交给其处理，这个过程称为捕获异常。

对于自动产生的异常处理由 try...catch...finally 语句来实现。其基本语法格式为：

```
try{
  //可能抛出异常的语句
}catch(error)
{//发生异常后执行的语句
}finally{
  //无条件执行的语句
}
```

当 try 块中某行代码抛出异常时，对应该行的下方代码不会被执行，转而直接执行 catch 块中语句。同时 catch 语句后面括号中的 error 是捕获到的异常对象实例，块内执行语句可引用该实例包含的异常的详细信息做出适当的处理。而当 catch 语句后的 finally 语句存在时，其块中的语句会始终被执行，用于做一些最后的清理工作。在一个异常处理语句中，catch 和 finally 语句都是可省略的，但是二者至少要保留一个和 try 语句结合使用，如果只包含 try…finally 语句而没有捕获异常的 catch 语句，则执行 try 块中的语句后会直接执行 finally 块的语句，最后再将异常抛出。

② throw 语句

除了发生运行错误时浏览器会抛出异常，开发人员也可以自己手动抛出异常。基本语法格式为：

```
throw expression;
```

expression 为异常类对象。

　　JavaScript 中对异常的捕获处理是有一定层次的，当浏览器检测到有异常抛出时就会寻找最近的 catch 语句，如果没有找到就会再次将异常抛出以检测更高层次的异常处理语句。例如，如果方法 a 中手动抛出了异常而没有进行异常处理，方法 b 调用了方法 a，则异常会抛给方法 b，但如果方法 b 也没有进行异常处理，异常会再次抛出。如果最终没有找到异常处理语句，则浏览器会提示错误信息并中止代码的执行。

　　例 11-2：实现在下载页面打开前先输入数字账号，可以登录并显示，如果输入错误在页面中显示错误及原因。

```html
<html>
  <head>
    <title>例 11-2</title>
    <meta charset="utf-8">
    <script>
      function testerr(strnum)
      { try
       {var numb=eval(strnum); //输入的内容通过 eval 函数处理为值，并赋给 numb
       } catch(error)
        { throw new Error("对不起，您输入的账号不对！不能用中文和字母！");
          //出现异常会给出提示
        }
       window.open("11-2.html");
       document.write("您登录的账号是："+numb+"<br>");
      }
    </script>
  </head>
<body>
<script>
  var str=prompt("请输入一个账号：","");//在输入对话框中输入账号后，赋值给 str
  try
  { testerr(str);　//调用 testerr 函数
  }catch(error)
    { document.write(error.message+"<br>"); //如果出现异常在网页中显示错误信息
    }
  </script>
</body>
</html>
```

　　程序运行效果如图 11-4 所示。

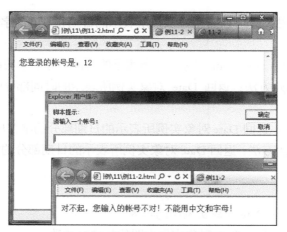

图 11-4　运行例 11-2 后的网页

11.1.2　Date 对象

Date 对象用于表示日期和时间。其实在计算机内部只有数值，没有真正的日期类型及其他各种类型。在计算机里用到的日期本质上是一个以毫秒为单位的自 1970 年 1 月 1 日 0 点 0 分 0 秒起相对某个日期时间的数值，通过这个数值，能够推算出其对应的具体日期时间。

1．创建时间对象

使用构造函数 Date() 创建一个日期对象的基本语法格式为：

```
var 时间对象名= new Date();
```

创建一个 Date 对象实例，并初始化为以当前的日期和时间。可以指定一个自 1970 年 1 月 1 日 0 点 0 分 0 秒算起的毫秒值来初始化一个 Date 对象实例，也可以指定一个格式正确的日期时间字符串，还可以分别指定年、月、日、小时、分、秒、毫秒等多个参数来初始化一个 Date 对象实例，如 time1=new Date(2014,1,5) 创建一个代表 2014 年 1 月 5 日 0 点 0 分 0 秒的 Date 对象实例 time1。

2．常用方法

Date 对象常用方法有和三类方法（ToString 方法组、Get 和 Set 方法组）。

parse() 方法：分析一个表示日期和时间的字符串，返回与 1970 年 1 月 1 日 0 点 0 分 0 秒相差的毫秒数。该方法是 Date 对象的静态方法，可以直接用 Date 对象名引用，而不是 Date 对象的实例来调用。

UTC() 方法：返回以参数表示的时间与 UTC 日期 1970 年 1 月 1 日相差的毫秒数，该方法也为 Date 对象的静态方法，直接用 Date 对象名引用。其可以将指定时间转换为毫秒数。

（1）ToString 方法组

toString() 方法：返回 Date 对象实例所表示的日期和时间的字符串形式。

toGMTString() 方法：返回 Date 对象实例所表示的日期和时间的字符串形式，该字符串使用格林威治时间（GMT）格式。如"15 Jan 2013 00:00:00 GMT"。

toUTCString() 方法：返回 Date 对象实例所表示的日期和时间的字符串形式，该字符串使用世界时间（UTC）格式。

toLocaleString()方法：返回 Date 对象实例所表示的日期和时间的字符串形式，该字符串使用本地时间格式。

toTimeString()方法：返回 Date 对象实例所表示的时间部分的字符串形式。

toLocaleTimeString()方法：返回 Date 对象实例所表示的时间部分的字符串形式，该字符串使用本地时间格式。

toDateString()方法：返回 Date 对象实例所表示的日期部分的字符串形式。

toLocaleDateString()方法：返回 Date 对象实例所表示的日期部分的字符串形式，该字符串使用本地时间格式。

（2）Get 方法组

getYear()方法：返回 Date 对象实例中的年数。

getFullYear ()方法：返回 Date 对象实例中四位数字的年数。

getMonth()方法：返回 Date 对象实例中的月份，其值是一个介于 0（表示 1 月）~11（表示 12 月）的整数。

getDate()方法：返回 Date 对象实例中的日期。其值是一个介于 1~31 的整数。

getDay()方法：返回 Date 对象实例中的星期几。其值是一个介于 0（表示星期天）~6（表示星期六）的整数。

getHours()方法：返回 Date 对象实例中的小时数。其值是一个介于 0~23 的整数。

getMinutes()方法：返回 Date 对象实例中的分钟数。其值是一个介于 0~59 的整数。

getSeconds()方法：返回 Date 对象实例中的秒数。其值是一个介于 0~59 的整数。

getMilliseconds()方法：返回 Date 对象实例中的毫秒数。其值是一个介于 0~999 的整数。

getTime()方法：返回从 GMT 时间 1970 年 1 月 1 日 0 点 0 分 0 秒起到当前 Date 对象实例所表示的时间差的毫秒数。

（3）Set 方法组

setYear()方法：设置当前 Date 对象实例中的年数。

setFullYear ()方法：设置当前 Date 对象实例中四位数字的年数。

setMonth()方法：设置当前 Date 对象实例中的月份。

setDate()方法：设置当前 Date 对象实例中的日期。

setDay()方法：设置当前 Date 对象实例中的星期几。

setHours()方法：设置当前 Date 对象实例中的小时数。

setMinutes()方法：设置当前 Date 对象实例中的分钟数。

setSeconds()方法：设置当前 Date 对象实例中的秒数。

setMilliseconds()方法：设置当前 Date 对象实例中的毫秒数。其值是一个介于 0~999 的整数。

setTime()方法：设置当前时间是从 1970 年 1 月 1 日午夜添加或减去指定数目的毫秒来计算的日期和时间差。

例 11-3：实现将当前的日期与时间显示在指定的位置，同时有友好性的提示文字显示。

```html
<html>
  <head>
```

```html
<title>例 11-3</title>
<meta charset="utf-8">
<script>
 function showtime( )
 { var w;
  var now=new Date( );  //定义当前系统时间的时间对象
  var y=now.getFullYear( );  //获取当前系统时间的年数
  var m=now.getMonth( )+1;  //获取当前系统时间的月份数
  var d=now.getDate( );
  var day=now.getDay( );
  var h=now.getHours( );
  var minu=now.getMinutes( );
 m=((m<10)?"0":"")+m;
 //如果月份数是一位时前面要加零，调整为标准两位的月份表示形式
  d=((d<10)?"0":"")+d;
  h=((h< 10) ? "0" : "")+h;
  minu=((minu< 10) ? ":0" : ":")+minu;
  if(day==0)w="天";      //将星期几调整为中文对应的数字
    else if(day==1)w="一";
        else if(day==2)w="二";
            else if(day==3)w="三";
              else if(day==4)w="四";
                else if(day==5)w="五";
                  else w="六";
  var str=""+y+"年"+m+"月"+d+"日  "+"星期"+w+" \n 现在是"+h+minu+", ";
  if(h<=8&&h>=0)  str+="早上好！每天好心情！ ";
  //根据时间来提供友好提示，0 点到 8 点之间被确定为早上的问候语
  else if(h<=12)  str+="上午好！工作愉快！ ";
      else if(h<=19)  str+="下午好！加油！ ";
          else str+="晚上好！早点休息！ ";
  txt.innerText=str; //在/指定文本框中显示 str 这个字符串
  setTimeout("showtime( )",60000); //每隔 6 秒调用 showtime 函数
  }
</script>
</head>
<body onLoad="showtime( )">
  <div id="txt"></div>
</body>
```

```
</html>
```

程序运行效果如图 11-5 所示。

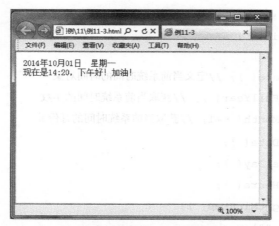

图 11-5　运行例 11-3 后的网页

其中 "((minu< 10) ? ":0" : ":")+minu;" 是一个条件运算表达式，对应的格式是：表达式 1?表达式 2：表达式 3，指的是判断表达式 1 是否成立，成立则该表达式的结果为表达式 2，不成立则表达式的结果为表达式 3。因而这个表达式指的是 min 是否大于 10，如 min 是 12，则表达式的值为 12，如 min 为 7，则表达式的值为 07。同时程序中出现的 txt.innerText 中的 innerText 属性是前面内容中提到的动态显示文本。

任务实施

1. 启动 Dreamweaver CS6，打开任务 8-1 中建立的两个.CSS 文件和企业介绍的 html 文件。

2. 根据已建好的两个 CSS 文件的格式，再新建一个 CSS 文件，将 3 个 CSS 文件分别保存成文件名为 morning、afternoon、night 的样式文件，实现上午、下午和晚上的不同样式设置。

3. 在企业介绍的 html 文件中的\<body>\</body>标记对内加入\<script >\</script>标记对，并在标记对中加入以下内容：

```
datetoday= new Date( );
t=datetoday.getTime( );
datetoday.setTime(t);
h = datetoday.getHours( );
if(h>6)
 { if (h<12)
   show= "morning.css"; //6 点到 12 点之间的时间, show 为早上的样式
   else if (h<18)
   show= "afternoon.css";//12 点到 18 点之间的时间, show 为下午的样式
 }
else
```

```
     show= "night.css"; //其他时间 show 为晚上的样式
document.write('<link href="' + show + '" rel="stylesheet" type="text/css">');
//网页套用对应样式
```

4. 在文件菜单中选择文件保存后，找到你想要保存的文件路径，运行查看网页效果并进行适当的修改和调试。

任务 11.2   产品图片幻灯播放

任务描述

网页中的动态特效不仅是让文字按需求动起来，也让图片按需求动起来。本任务通过编写 HTML 源代码设计网页, 并使用 JavaScript 实现点击循环展示按钮将产品一一展示, 关于"产品介绍"文字内容的颜色也随机改变。在点击停止循展按钮后, 可停止自动播放, 但单击产品图片可至其他产品信息展示。产生的网页效果如图 11-6 所示。

图 11-6   任务实现效果

知识引入

11.2.1   Array 对象

1. 数组和数组元素

（1）一维数组的定义

数组是一组被统一管理的数据的集合，数组中的每一个数据称为该数组的元素。在 JavaScript 中提供 Array 内部对象来创建数组，基本语法如下：

```
var 数组名=new  Array (元素 1, 元素 2, …, 元素 n);
```

数组是由构造函数 Array( )和运算符 new 创建的, 可以有以下 3 种不同的方式调用构造函数。

无参调用：Array( )内不含任何参数值，创建一个没有元素的空数组。数组元素可以在使用时再添加到数组中。

指定数组长度：传递给它一个数值参数，这个数值指定了数组的长度。数组元素的初值可以其后再赋予，未赋值的数组元素初值默认为"undefined"。如 var 数组名=new Array(8)，表示创建一个具有 8 个元素的数组。

直接量法：如果索引运算符中的元素个数为空，则创建一个空数组。在 Array()内直接将

数组元素的值作为参数值写入，每个值用逗号隔开。如 var 数组名=new Array(32，54，76)，表示创建一个具有 3 个元素的数组，数组的第一个元素的值为 32，第二个元素的值为 54，第三个元素的值为 76。

（2）一维数组的长度

数组的长度可以通过 length 属性值来确定。其是数组的一个特殊属性，既可以读也可以写。通过采用数组名.length 可获得数组包含的元素个数。也可以通过数组名.length="value"来设置数组的长度。

length 可以在构造数组时给定，也可以随数组元素的增加而自动增加，还可以手动设置属性值的大小。其具有自动更新功能，即随着数组元素个数的变化而变化。若将 length 值加大，则数组自动增加相应数目的数组元素，这些元素的值为 undefined。如果给 length 指定了一个比它的当前值小的值，那么这个长度之外的数组元素将被丢弃，因此，使用 length 属性可以缩短数组的长度。

需要注意，如果使用 delete 删除数组中的元素，则该元素变为未定义元素，但数组的长度不会改变。

（3）数组元素的引用

因为 JavaScript 是一种弱类型语言，数组中的元素可以为任意类型，如一般数据、数组、对象或者函数。对于数组中的每个元素的获取采用数组名[下标]的形式来确定，其中"[ ]"为索引运算符，"[ ]"中的数值或表达式为数组下标。

数组下标是一个大于等于 0、小于 $2^{32}-1$ 的整数。数组的第一个元素的下标为 0，第 n 个元素的下标为 n-1，每个元素都有其对应的下标来表示它在数组中的具体位置。如数组有 3 个元素，其长度为 3，数组元素的下标分别为 0、1、2，因此数组的长度为数组最后一个元素的下标加一。当数组下标数字过大或为负时，JavaScript 会将该下标转化为一个字符串。同样，如果下标 i 为布尔值、对象或其他值，JavaScript 也会将其转化为一个字符串，生成字符串不是作为数组的下标，而是作为对象的属性。

（4）多维数组

在 JavaScript 中，不支持多维数组，但数组可以存放任何一种数据类型，包括对其他数组、对象或函数的引用，因而可以通过创建"数组的数组"实现多维数组，即在一个数组中将其他数组作为数组元素进行存储，这个数组就是多维数组。多维数组的数组元素的表示基本格式如下。

一维数组：数组名[下标]

二维数组：数组名[下标][下标]

三维数组：数组名[下标][下标][下标]

数组元素只有一个下标的数组称为一维数组；在数组中嵌套数组，使用两个索引或下标才能表示数组元素的数组称为二维数组；数组中嵌套了两层数组，有 3 个索引或下标的数组称为三维数组；依此类推，可以得到 n 维数组。

2．Array 对象

数组是对象的一种，具有特殊的属性和方法。

（1）创建数组对象

创建一个数组对象的基本语法格式为：

```
var 数组对象名= new Array();
```

创建一个数组对象实例，可以指定数组中元素的个数和数组将要存放的元素的值。如 var colorarray = new Array("one","two","three")创建一个有三个元素的数组，数组的第一个元素为 colorarray[0]，其值为"one"，第二、三个元素的值分别为"two"和"three"，对应的位置索引为 1 和 2。与其他语言中的数组不同，JavaScript 中数组不是定长的，数组的大小可动态增长。其后加入 colorarray[3]="four"语句，数组的长度增加为 4 个。

（2）属性

Array 对象中最常用的属性是 length，用于设置或返回数组中元素的个数。如 var colorarray = new Array()创建的数组 colorarray，其.length 的值为 0。

（3）常用方法

Array 方法其常用的方法有 concat()方法、reverse()方法、sort()方法和 push()、pop()方法。

① 数组合并

concat()方法将两个或两个以上的数组合并，并返回一个新数组。新数组包含两个数组全部的元素，因此合并后的数组长度为两个数组长度之和。基本语法如下：

```
数组名.concat ([it1[, it2[,...[, itN]]]])
```

concat()方法实现数组和提供的任意元素或数组的连接，必须提供一个数组名为需要合并的第一个数组，括号内的 it1 到 itN 是需要连接到数组的数组元素或数组，作为新的数组元素添加到原数组的末尾，是可选参数。如不提供，则连接到第一个数组后的空数组。

② 添加与删除数组元素

在数组中添加或删除数组元素有多种方法，如改变数组的长度属性，可以添加或删除数组元素，合并数组可以添加数组元素。常用的方法有 push()和 pop()方法。

push()方法将一个或多个新元素添加到数组的尾部，再返回一个新的 length 属性值。pop()方法则是将数组的最后一个元素删除，缩短数组的长度，并返回该元素的值。如果调用 pop()方法的数组为空，则返回值为 undefined。添加和删除数组元素的基本语法如下。

```
push()方法：数组名.push([item1[it2 [...[fitN ]]]])
pop()方法：数组名.pop ( )
```

push()方法中，it1 到 itN 为要添加的新元素。

③ 数组反转

reverse()方法是将一个 Array 对象中的元素位置进行反转，用第 n 个数组元素替换第 length−n+1 个数组元素进行存储。其中 length 为数组的长度，n 为正整数。如数组中元素的顺序为[1,2,3]，使用这个方法后，数组中的元素顺序变为[3,2,1]。反转数组的基本语法如下：

```
数组名.reverse()
```

执行过程中，reverse()方法会创建一个新的 Array 对象。如果源数组不连续，reverse 方法将在数组中创建元素以便填充数组中的间隔。这样所创建的全部元素的值都是 undefined。

④ 数组排序

sort()方法将 Array 对象进行适当的排序，在执行过程中不创建新的 Array 对象。基本语法如下：

> 数组名.sort（参数）

参数值为可选项，用来确定元素顺序的函数的名称。如果不指定参数，则元素将按照 ASCⅡ字母顺序进行升序排列。如果指定一个函数，则该函数返回值来指定排序方式排序，返回值有 3 种：负值（所传递的第一个参数比第二个参数小）、零（两个参数相等）、正值（第一个参数比第二个参数大）。

如原函数为 function sortMethod(a, b) { return a−b;}，通过 myArray. sort(sortMethod)的调用，按降序排列数字，则把函数返回的"a − b"通过 sort()方法换成"b − a"。

例 11-4：实现两数组元素的连接和指定元素的输出以及数组长度的显示。

```html
<html>
  <head>
    <title>例 11-4</title>
    <meta charset="utf-8">
  </head>
<body>
 <script>
    var a=new Array(1, 2, 3);
    var b=new Array("星期一","星期二","星期三","星期五","星期六","星期天");
    s=a.concat("four",b);  //连接 a 数组、four 与 b 数组
    document.write("连接后的字符串为: ");
    for(i=0;i<s.length;i++)  //遍历 s 数组中的每个元素输出
    {document.write(s[i]+" ");
    }
    document.write("<br/>")
    document.write("连接后的字符串第 7 个元素为: "+s[6]+"<br/>"+"连接后的字符串长度
为: "+s.length);
  </script>
  </body>
</html>
```

程序运行效果如图 11-7 所示。

图 11-7　运行例 11-4 后的网页

11.2.2　Image 对象

Image 对象将页面中的图像信息封装起来，代表网页中使用的 img 标记，因而它的属性对应<img>标记的属性。

1．创建图像对象

JavaScript 提供了 Image 对象的构造函数，语法格式如下：

```
var 图像对象名=new Image(参数);
```

其中参数可以有两个即 width 和 height，width 表示图像的宽度，height 表示图像的高度，单位均为像素。

2．常用属性

name：img 标记的名字，在 JavaScript 程序中可通过该名字引用对应的 image 对象。

src：图像的来源路径 URL。

width：图像的宽度。

height：图像的高度。

border：图像的边框宽度。

hspace：图像与左边或右边文字的空白大小。

vspace：图像与上边或下边文字的空白大小。

lowsrc：在 src 所指出的图像文件装载完之前先显示的图像。

在一个网页文件中的每个<img>标记对应一个 image 对象，按照其在文件中出现的先后顺序形成了数组 images，可通过 document.images[0]来访问网页中的第一个图像。images 数组包含着文件中的所有图片，因此可以根据需要动态地找到和改变某些图像文件，实现图像的动画显示。如根据当前日期显示对应的图像，根据鼠标的位置决定超链接图像的内容等。

例 11-5：实现网页背景图片每隔一秒变换一次。

```
<html>
  <head>
    <title>例11-5</title>
    <meta charset="utf-8">
    <script>
    var j=1;
    function bgchange( )
      { if(document.all)
        { document.body.background=a[j].src;
        //网页的背景图像为图像数组中的指定位置的图像
          j++;
        if(j>=a.length)
          j=1; //当下标到图片数组的总长度时，下标值调整为1，即又指向第一张图片
        setTimeout("bgchange( )",3000);
        }
```

```
      }
    </script>
  </head>
  <body onLoad="bgchange( )">
    <script>
     var a=new Array( );  //创建一个数组名为 a 的数组
     for(i=1;i<=4;i++)
     { a[i]=new Image( );  //数组中的元素均为图像对象
      a[i].src="bg"+i+".jpg";  //给出每一个图像对象中的图片路径
      }
    </script>
  </body>
</html>
```

程序运行效果如图 11-8 所示。

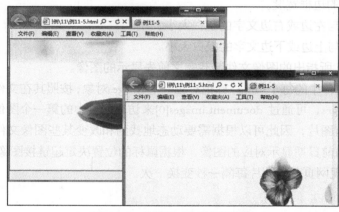

图 11-8 运行例 11-5 后的网页

任务实施

1. 启动 Dreamweaver CS6，新建一个 html 文件，在文件内添加标记实现初始的文字和图片及两个按钮并放好位置，将一个按钮添加 value 值为循环展示，将另一个按钮添加 value 值为停止循展。

2. 在 html 文件代码窗口内的循环展示按钮的标记对中添加 onclick 单击事件，值为 time1=setInterval('imgchange()',1000)，实现每隔一秒调用一次 imgchange()函数，在停止循展按钮标记对中也加入 onclick 事件，值为 clearInterval(time1)。

3. 在 html 文件代码窗口里的<img>标记内添加 name 属性，值为 img1，添加 onclick 事件，值为 imgchange( )，实现下一产品的信息变化的函数调用。

4. 在 html 文件代码窗口里的<head></head>双标记对内添加<script ></script>双标记，在标记中加入以下内容。

```
var num=0;
var a=false,numb=0;
var color=new Array(5);
for(var i=0;i<color.length;i++)
{ colorb="#";
  for(var j=0;j<3;j++)
   { var n=(Math.round(Math.random( )*100));  //获得随机的两位数
    numb=n.toString(16);  //两位数转换为十六进制数
    if(numb.length<2)
    { numb="a"+numb;}
     colorb+=numb;
    } //colob 字符串的值为以"#"号开头的六位十六进制数
    color[i]=colorb;  //初始化颜色数组的值
   }
  }
function imgchange( )
{ if(num>=5)
   num=0; //获取到图片中的最后一个元素后，下标还原
 num++;  //图像数组的下标变化
 document.img1.src=a[num].src;
 wordscolor( );
}
function wordscolor( )
{ document.all.words.style.color=color[numb];  //网页的文字颜色为数组中指定下标所
对应的颜色
 (numb<color.length-1)?numb++:numb=0;  //调整颜色数组的下标值
}
```

5. 在 html 文件代码窗口里的<body></body>双标记对内添加<script ></script>双标记，在标记中加入以下内容：

```
var a=new Array( );
for(i=1;i<=5;i++)
{ a[i]=new Image( );
  a[i].src="jcdl"+i+".jpg";
}
```

6. 在文件菜单中选择文件保存后，找到你想要保存的文件路径，运行查看网页效果并进行适当的修改和调试。

项目实训

编写 HTML 源代码设计网页，并使用 JavaScript 实现在子页左上角有动态旋转的企业名称显示的功能设计。产生如图 11-9 所示的网页效果，图中椭圆中的内容即是项目实现的功能，其按一定规则旋转。

图 11-9　项目实施效果图

1. 启动 Dreamweaver CS6，打开已建立的网站子页或新建一个 HTML 文件，加入基本的表现元素。

2. 在代码窗口中的<body></body>这对标记的开始标记内加入 onload="spin()"。

3. 在代码窗口中的<head></head>这对标记内输入<script></script>标记，并加入代码如图 11-10 所示，实现文字在页面中旋转的设计。

4. 将文件菜单下选择保存后，运行网页查看网页效果，可进行适当的修改和调试。

```
if (document.all){
var s="长沙信达电子";
var color="#000088",font="仿宋";
var n=s.length,b=0;
for (i=0; i <n; i++){
 document.write('<div id="logo" style="position:absolute;
top:0;left:0;' +'height:10;width:50;font-family:'+font+';
text-align:center;color:'+color+'">'+s+'</div>');
}
function spin(){
 var x=document.body.scrollLeft+window.document.body
        .clientWidth-150;
 var y=document.body.scrollTop+80;
 var x1=60,y1=50;
 var e=360/n;
 var pa=new Array();
 var pb=new Array();
```

图 11-10　项目实现代码

```
for (i=0; i < n; i++){
 logo[i].style.top =y+y1*Math.sin(b+i*e*Math.PI/180);
 logo[i].style.left=x+x1*Math.cos(b+i*e*Math.PI/180);
 pb[i]=logo[i].style.pixelTop-y;
 pa[i]=pb[i]-pb[i]*1.6;
 if (pa[i] < 1){
  pa[i]=0;
  logo[i].style.visibility='hidden';
 }
 else
  logo[i].style.visibility='visible';
  logo[i].style.fontSize=pa[i]/2.2;
 }
b-=0.1;
setTimeout('spin()',300);
}}
```

图 11-10　项目实现代码（续）

习题

1. JavaScript 有哪些内置对象？分别提供操作处理。

2. 对 JavaScript 中的 Math 内置对象的 5 个方法进行说明。

3. 在 JavaScript 中如何声明一个数组？

4. 设计当在文字区域按下鼠标左键可直接拖动文字块移动。

5. 设计幸运中奖游戏。设幸运数字为 6，每次游戏都由计算机随机生成 5 个 1~9 的随机数，当这 5 个随机数中有一个数字为 6 的数时，则算幸运中奖。

6. 当出现不存在的变量的值被读取时，会导致怎样的异常？

7. 设计一个依据某个日期算出与现在日期相隔的天数的程序，需判定的日期由外界输入。

8. 设计有图片的页面，图片信息显示在状态栏中。单击图片时可换成另一张图片，同时状态栏内信息变更为当前显示的图片的信息。

9. 设计一个带关闭按钮的浮动窗口。

项目 12
订单处理实现

知识目标

1. 掌握 Form 对象的属性和方法。
2. 掌握各表单元素的属性和方法。
3. 掌握对象的定义和对象实例的创建的方法。
4. 掌握对象属性的添加、重定义和删除以及对象的废除。
5. 掌握 string 对象的属性和方法。
6. 掌握 RegExp 对象与字符串的匹配与测试方法。

能力目标

1. 具备访问、处理表单和各表单元素对象的能力。
2. 具备自定义对象并访问和使用对象的能力。
3. 具备克服困难、敢于动手的能力。
4. 具备验证网站信息输入的能力。
5. 具备较强的程序编写的能力。
6. 具备将代码复制、移植到简单网页中进行优化的能力。

学习导航

本项目实现网站的订单信息处理及价格统计，并实现用户注册信息验证和在线留言的功能。项目在企业网站建设过程中的作用如图 12-1 所示。

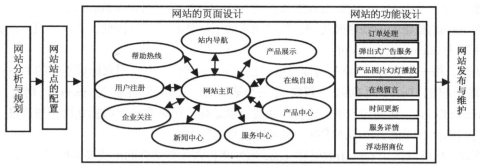

图 12-1　学习导航图

任务 12.1　在线留言

任务描述

网站是企业和客户之间的交流平台，必然要提供客户留言和留言信息反馈的网页，增加企业和客户之间的沟通方法。本任务通过编写 HTML 源代码设计网页，并使用 JavaScript 实现客户留言信息处理、关注品牌的快速全选和关注产品相互关联的功能，在完成所有信息的填写后，可将信息反馈到另一个网页中去。产生的网页效果如图 12-2 所示。

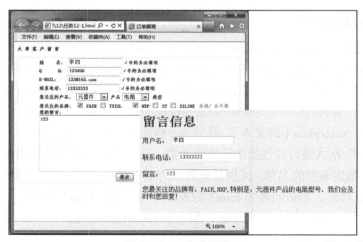

图 12-2　任务实现效果

知识引入

12.1.1　Form 对象

Form 对象是文件对象的子对象，其能够直接访问 HTML 文档中的表单。

1．访问表单

一个网页中有一个或多个表单，通过 Form 对象访问这些表单的主要方式有两种。

Document 对象的属性 forms 是一个数组，其按 Form 对象在网页中出现的顺序来构成数组元素,因此,可通过 forms[]数组对象来访问 Form 对象。在访问具体 Form 对象时则按照 Form 对象在 forms[]数组中的顺序来访问,数组元素的下标从 0 开始,因此,访问网页中的第一个表单可写为 document.forms[0]。

另外,每一个 Form 对象都可以设置自己的 name 属性,可以用来标识不同的 Form 对象。在创建相应的 Form 对象时,若定义一个表单的 name 属性值为 form1,则可以使用"document.form1"访问该表单。这种用法优点就是使代码具有位置的独立性,与通过 forms[]数组访问相比,即使表单顺序重排,也可以正常运行。

同时,也可以采用 forms[]数组和 name 属性两种方式相结合的形式来访问具体的表单,如 document.forms["form1"]。

2．Form 对象的方法

Form 对象的常用方法有 submit 方法、reset 方法和 item 方法。

submit()方法:Form 对象的专用方法,用于将表单的数据提交到服务器上,可以实现与一个真实的 Submit 按钮相同的功能。但该方法不能触发 onSubmit 事件。

reset()方法:与 submit( )方法类似,其用于将表单中所有元素重置为初始值,该方法不能触发 onReset 事件处理。

item()方法:返回代表表单中的某一个表单字段元素所对应的对象,但不能返回图像类型的表单字段元素。其参数可以是表单字段元素的名称,也可以是表单字段元素在表单中的索引序号。

3．Form 对象的属性

Form 对象的属性有 name、action、encoding、method、target 及 length 等。其中 encoding 属性和 HTML 中<form>标记的 enctype 属性对应,用于指定提交表单时传输数据的编码形式。为达到高效处理数据与反馈信息,可设置该属性的值为服务器可以有效识别用户提交的信息。其值主要有 3 种, application/x-www-form-urlencoded (名称/值(默认))、 multipart/form-data (一条消息)、text/plain (纯文本)。而另外一些属性在<form>标记部分已说明,都可以采用"对象名.属性"格式进行属性值的获取和设置。而在引用上常用的属性有:

name:用于指定表单的名称,区别其他表单的唯一名称。因而可以直接用 name 属性的值来访问某一 form 对象,如访问名为 form1 的表单可写为 document. form1。

length:表单中存放的表单元素个数,相当于 elements.length。

4．Form 对象的事件

Form 对象事件主要是表单的提交和重置,即 onSubmit 事件和 onReset 事件。

onSubmit 事件:向服务器上提交表单数据。通过表单提交事件产生的返回值控制表单的提交,如果返回 true 则顺利提交,为 false 时说明表单在该事件中收集的数据的合法性与完整性未通过不能提交。在事件的属性设置中,一定要使用 return 语句返回事件的结果,同时需要点击 Submit 按钮才可以触发 onSubmit 事件处理。

onReset 事件:和 onSubmit 事件相似,当表单重置时发生,用返回值控制表单是否进行重置。点击 Reset 按钮才能触发 onReset 事件处理。

5．Form 对象的对象属性

Form 对象的子对象有一些通用的属性。

all 数组：用于表示某个对象对应的 Form 标记中包含的所有 Form 对象的子元素对象的集合。

elements 数组：用于表示各 Form 对象中的子元素对象的集合。

children 数组：用来表示某个对象对应的 Form 标记中包含的所有直接的 Form 对象的子元素对象的集合，不包含子元素下的子元素。

例 12-1：实现获取并显示表单中指定元素的相关属性。

```
<html>
  <head>
    <title>例 12-1</title>
    <meta charset="utf-8">
  </head>
  <body>
    网页中存在的表单元素：<br/><br/>
    <form name="form1">
      <input type="text" name="text1" size="20" value="abc"><br/>
      <input type="password" name="passw1" size="21" >
    </form>
    <form name="form2">
      <input type="button" value="button1" name="button1">
      <input type="reset" value="button2" name="button2">
    </form>
    <hr>网页中表单元素的属性显示：<br/><br/>
    <script>
    document.write("第一个表单元素的类型为：
"+document.form1.text1.type+"<br>");
    document.write("第一个表单元素的值为：
"+document.form1.elements[0].value+"<br>");
    document.write("第二个表单元素的值为："+
              document.forms[0].elements[1].value+"<br>");
    document.write("第三个表单元素的类型为：
"+document.form2.elements[0].type+"<br>");
    document.write("第四个表单元素的类型为："+
              document.forms[1].elements.button2.type+"<br>");
    </script>
  </body>
</html>
```

运行结果如图 12-3 所示。

图 12-3 运行例 12-1 后的网页

12.1.2 表单元素

网页中的表单元素有一些相同的属性，因有不同的外观和不同的行为，各元素有各自的唯一属性、方法和事件，因此将其作为单独的对象来分别处理。

1．访问表单元素

表单元素是表单的基本操作对象，实现与用户交互的平台建立，包括文本框、按钮、下拉列表、文件域等，对表单元素的访问方法主要有两种。

elements[]属性是用于表示各种表单中的元素对象的集合。该属性是一个数组，将表单中的元素按照它们在文档中出现的顺序存放，因而利用这个数组可以很方便地引用和添加表单元素。数组下标以 0 开始，用 myform.elements[0]可以访问 myform 表单中的第一个表单元素，使用 myform.elements[1]可以访问 myform 表单中第二个表单元素，依此类推，myform 表单中的第 n 个元素的访问则可用 Document.myform.elements[n−1]。

另外通过表单元素的 name 属性也可以访问表单元素。和 Form 对象一样，每个表单元素也有自己的 name 属性，用这个属性可以很方便地引用各个表单元素。如引用名为"form1"的表单中的名为"user"的文本框时，可写为 document.form1.user，也可以用 document.form1.elements["user"]方式来访问元素。如果表单中的多个元素具有相同的 name 属性值，JavaScript 会按这些元素的出现顺序将它们存放到以该 name 值为名的数组中。特别是一组单选按钮为实现多选一的目标，会将它们的 name 值都设置为同一个 name，在引用时会成为 name 的值对应的数组来处理，下标从 0 开始。如引用 form1 表单中的 name 值为 cb1 的单选按钮组中的第一个单选按钮，可写为 document.form1.cb1[0]。

2．表单元素的方法

常用的表单元素的方法主要有 blur()、focus()和 add()方法。

blur()方法：让指定表单元素失去焦点，当前焦点移到后台。

focus()方法：让指定表单元素获得焦点。

add()方法：为列表框增加一个选择项。

3．表单元素的属性

表单元素的常用属性如下。

defaultValue：获取或设置表单元素的默认初始值。

disabled：获取或设置表单元素是否可操作。

form：获取或设置表单元素所属于的 form 表单对象。

readOnly：获取或设置表单元素为只读状态。

title：获取或设置表单元素的标题属性。

value：获取或设置表单元素的当前取值。

Checked：获取或设置表单元素中的单、复选按钮的选中状态。

4. 表单元素的事件

对于表单元素来说，能处理多种类型的 JavaScript 事件，例如，onmouseover 事件。而这里所讲的表单元素的事件是指大多数表单元素都支持的 5 个典型事件。onClick、onFocus、onBlur 和 onChange、onSelect。

onClick 事件：当表单元素被点击时触发该事件，这是 Button 元素以及其他各种按钮最重要的事件处理程序。

onFocus 事件：当表单元素获得焦点时触发该事件，几乎除 Hidden 元素外的所有表单元素都支持这个事件处理。

onBlur 事件：当表单元素失去焦点时触发该事件，几乎除 Hidden 元素外的所有表单元素都支持这个事件处理。

onSelect 事件：当文本输入元素的文字被选择加亮后触发该事件。

onChange 事件：当表单元素表示的值发生改变时触发该事件，主要是指改变输入文本或改变选项。这个事件在输入焦点的转移时或表单元素表示的值改变时发生。

例 12-2：实现单选和多选项的内容在指定位置上的显示。

```html
<html>
  <head>
    <title>例 12-2</title>
    <meta charset="utf-8">
    <script>
     function rdcheck(str)
     { document.form1.text1.value=str; } //将 str 的值放入文本框并显示出来
     function cbcheck(str1)
     { enjoy.innerText+=str1+","; } //在指定区块中添加内容
    </script>
  </head>
  <body>
   <form name="form1">
   <h2>问卷调查</h2>
   请选择喜欢的品牌：
   <table border="1"  width="260">
```

```
<tr><td>
<input type="radio" name="rd1" onclick="rdcheck('FAIR')">
FAIR</td>
<!--单击单选按钮调用 rdcheck 函数，实现 FAIR 显示在网页的文本框中-->
<td>
<input type="radio" name="rd1" onclick="rdcheck('TXISL')">
TXISL</td>
</tr>
<tr><td>
<input type="radio" name="rd1" onclick="rdcheck('NXP')">
NXP</td>
<td>
<input type="radio" name="rd1" onclick="rdcheck ('ST')">
ST</td>
</tr>
<tr><td>
<input type="radio" name="rd1" onclick="rdcheck('XILINX')">
XILINX</td>
<td>
<input type="radio" name="rd1" onclick="rdcheck('ALTERA')">
ALTERA</td>
</tr>
</table>
<br/>你喜欢的品牌: <input type="text" name="text1" size=20>
<h2>请选择想购买的产品</h2>
<table border="0" width=300>
<tr><td>
<input type="checkbox" name="cb1" onclick="cbcheck ('二三极管')">
二三极管</td>
<td>
<input type="checkbox" name="cb1" onclick="cbcheck ('集成电路')">
集成电路</td>
</tr>
<tr><td>
<input type="checkbox" name="cb1" onclick="cbcheck ('电线电缆')">
```

```
电线电缆</td>
<td>
<input type="checkbox" name="cb1" onclick="cbcheck ('开关')">
开关</td>
</tr>
<tr><td>
<input type="checkbox" name="cb1" onclick="cbcheck ('散热器')">
散热器</td>
<td><input type="checkbox" name="cb1" onclick="cbcheck ('模块')">
模块</td>
</tr>
</table>
</form>
你想购买的产品有: <span id="enjoy"></span>
</body>
</html>
```

运行结果如图 12-4 所示。

图 12-4   运行例 12-2 后的网页

例 12-3：实现将文件域选中的图片在指定的位置按设定的大小显示出来。

```
<html>
  <head>
    <title>例 12-3</title>
    <meta charset="utf-8">
    <script>
      function imgshow( )
      { var f1 = document.form1.file1.value; //获取文件文本框中的文件名和文件路径
```

```
var f2 = f1.substring(f1.lastIndexOf("."),f1.length);
//获取文件扩展名给 file2
f2 = f2.toLowerCase( ); // 将扩展名转换成小写
if((f2!='.jpg')&&(f2!='.gif')&&(f2!='.jpeg')&&(f2!='.png')&&(f2!='.bmp'))
//判断扩展名是否为 gif、jpg、png 或 bmp，不为这类文件时，提示格式不正确
{ alert("该图片格式系统不支持！"); }
else
{ document.getElementById("img").innerHTML="<img src='" + f1
+"'width='300px'height='200px' style=padding:10px;
'border:1px dash #000080;>";//将图片显示在 ID 号为 img 的位置
        }
    }
</script>
</head>
<body>
<form name="form1">
<h1>图片上传：</h1>
<input type="file" name="file1" size="30" onChange="imgshow( )">
<!—文件
<hr>图片预览区：<br>
<label id="img">
</label>
</form>
</body>
</html>
```

运行结果如图 12-5 所示。

图 12-5　运行例 12-3 后的网页

5．特殊的表单元素

列表（select）是一种特殊的表单元素，表示用户可选选项的集合，其中 option 元素表示其中一个选项，它必须嵌套到列表对象中。其主要有 multiple、option[]、selectedIndex3 个属性。

multiple：设置列表为多列带滚动条的选项框。

options 数组：用于存放在列表中的所有 Option 对象，其是对象的集合，因此，访问列表对象中的第一个 Option 对象可使用 options[0] 来访问，列表框中的第 n 个对象使用 options[n-1] 访问。当需要添加一个选项时，可以通过 Option 对象的构造函数动态创建 Option 对象，语法格式为：

```
对象实例名= new option([参数列表]);
```

参数列表中有 text（显示给用户的文本）、value（选项的值，当被选中时被提交到服务器端）、Selected（选项是否被选中）、index(选项在所有选项中的顺序索引位置)。删除一个选项，可以将 options[] 数组中的该元素设置为 null。如果某个 Option 对象从 Select 对象的 options[] 数组中删除，options[] 数组中位于该元素后的元素也会被自动前移。

selectedIndex：用于获取列表框中选中的选项的索引。可通过列表名.options [selectedIndex] 来确定列表中选中的选项。而列表中的选项需要多选时，则要遍历 options[] 数组的所有元素，通过每个 Option 对象的 selected 属性的值来确定哪些选项被选中。

例 12-4：用列表实现列表中选项的单选内容和多选内容的显示。

```html
<html>
  <head>
    <title>例 12-4</title>
    <meta charset="utf-8">
    <script>
    function optionshow( )
     { var n=document.form1.select1.selectedIndex; //将列表中选中选项的位置值赋
给n
       document.form1.text1.value=document.form1.select1.options[n].text;
       //获得选中选项的文本
     }
    function selectedshow( )
    { with(document.form1.select2)
      { for(var i=0;i<length;i++)  //遍历所有选中选项的文本显示
        { if(options[i].selected)
           { document.form1.texta1.value+=options[i].text+", "; }
         //列表中被选中的选项添加到文本域中
    } } }
    </script>
  </head>
  <body>
```

```
<form name="form1">
  <h1>产品选择列表</h1>
  品牌单选：
  <select name="select1" onChange="optionshow( )">
    <option selected>FAIR</option>
    <option>TXISL</option>
    <option>NXP</option>
    <option>ST</option>
    <option>XILINX</option>
    <option>ALTERA</option>
  </select>
  <br/>您喜欢的品牌是：<br/>
  <input name="text1" type="text" size=25>
  <br> 产品多选：
  <select name="select2" onChange="selectedshow( )" multiple>
    <option>二三极管 </option>
    <option>传感器</option>
    <option>集成电路</option>
    <option>开关</option>
    <option>电线电缆</option>
    <option>散热器</option>
    <option>模块</option>
  </select>
  <br>您想购买的产品有：<br>
  <textarea name="texta1" cols="20" rows="4"></textarea>
</form>
</body>
</html>
```

运行结果如图 12-6 所示。

图 12-6　运行例 12-4 后的网页

任务实施

1. 启动 Dreamweaver CS6，新建一个 HTML 文件。设计窗口分别加入文字、表格和表单元素并做 CSS 设置，实现图 12-2 中的留言页面的基本表现设计。注意：几个多选按钮的 name 属性值应相同。

2. 在代码窗口中的<head></head>这对标记中输入<script></script>标记，并加入内容如图所示。

```
var errflag,str="品牌有：",str1,i;

errflag = true;

var models = new Array(6);

models["元器件"] = ["电阻", "电容","电位器","电感","继电器","传感器"];

models["模块"] = ["IC", "普通"];

models["散热器"] = ["电脑", "工业"];

models["电线电缆"] = ["4mm 及以下", "4mm 以上"];

models["电源"] = ["普通", "专用"];

models["其他"] = ["锡丝","开关","晶振","集成电路"];

function checkAll(boolValue )
{ var allCheckBoxs=document.getElementsByName("focucb") ; //获取名字为 focucb
的对象

  for (var i=0;i<allCheckBoxs.length ;i++)  //遍历所有名字为 focucb 的对象

    { if(allCheckBoxs[i].type=="checkbox")

     allCheckBoxs[i].checked=boolValue ;

     //如果这些对象都为复选框则都被选择或都不被选中

  }

}

function product( )
{ var i=document.form1.prod.selectedIndex;  //获取名为 prod 的列表选中项的位置

 var ch=document.form1.prod.options[i].text; //获取名为 prod 的列表选中项的文字

 for (var i=0; i < document.form1.model.options.length; i++)

  document.form1.model.options[i] = null;  //将名为 model 的列表中中所有项清空

 for (var i=0; i <models[ch].length; i++)

  document.form1.model[i] = new Option(models[ch][i]); //添加新的列表项

}

function guest( )
{ if(document.form1.text1.value=="")

  { document.form1.elements[0].focus( );

    errflag = false;

    str1 = "你好像还忘了填'姓名'";
```

```
      alert(str1);
  }
else
{ if(document.form1.text2.value=="")
  { document.form1.elements[1].focus( );
    errflag = false;
    str1 = "qq 号码要填哦！"
   alert(str1);
  }
  else
  { if (document.form1.text3.value=="")
   { document.form1.elements[2].focus( );
     errflag = false;
     str1 = "邮箱要填哦！";
     alert(str1);
   }
  else
{ if (document.form1.text4.value=="")
  { document.form1.elements[3].focus( );
    errflag = false;
    str1 = "联系电话要填哦！";
    alert(str1);
  }
   else
   { if(document.form1.texta1.value=="")
    { document.form1.elements[11].focus( );
      errflag = false;
      str1 = "留言还没写呢！";
      alert(str1);
    }
  else
{ if(document.form1.texta1.length>250)
   { document.form1.elements[11].focus( );
     errflag = false;
     str1 = "字数不能超过 250 啊，分两次吧！";
     alert(str1);
```

```
    }
    else
    {   for(i=0;i<document.form1.cb1.length;i++)
            if(document.form1.cb1[i].checked)
                str=str+document.form1.cb1[i].value+",";
        var openwin=window.open("x.html");
        openwin.form1.text1.value=parent.document.form1.elements[0].value;
        openwin.form1.text2.value=parent.document.form1.elements[3].value;
        openwin.form1.text3.value=parent.document.form1.elements[11].value;
 openwin.document.getElementById("label1").innerHTML= "您最关注的"+str+"特别是:
"+parent.document.form1.elements[4].options[parent.document.form1.
elements[4].selectedIndex].text+"产品的"+""+parent.document.form1.elements[5].
options[parent.document.form1. elements[5].selectedIndex].text+"型号, 我们会及时和
您回复! "; //在指定位置显示提交的关注内容
}} } }}}}
```

3.　在代码窗口中的<body></body>这对标记中找到 value 值为“提交”的按钮标记，加入 onclick="guest()"，实现基本信息的验证以及用户关注的产品与品牌等信息的获取，并显示在新网页的指定位置中，找到“关注产品”这个列表标记，加入 onchange= "product()"实现列表的互联。在“关注品牌”复选按钮组后加入：

```
    <a href="javascript: checkAll(true)">全选/</a> <a href="javascript:
checkAll(false)">全不选</a>
```

实现是否全部关注的选择。

4.　在文件菜单中选择保存后，找到你想要保存的文件路径，保存为**.html 文件。

5.　新建一个 HTML 文件，在网页中<body></body>标记对中加入三个文本框（name 属性的值设为 text1、text2、text3)和一个标签（id 属性的值设为 label1），用于显示上传的留言信息。

6.　文件保存为 x.html。运行查看前一个保存的网页效果，进行适当的修改和调试。

任务 12.2　订单价格更新

任务描述

企业网站可以提供产品选购后的报价平台，使客户能在购买之前能明确知道将支付的金额，从而减少购买时出现付款后觉得价格不合理这类不必要的麻烦。

本任务通过编写 HTML 源代码设计网页，并使用 JavaScript 实现选中产品和调整所需产品的数量后，提供单一产品价格统计和订单价格统计结果的功能，产生的网页效果如图 12-7 所示。

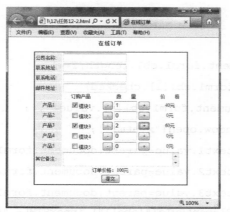

图 12-7　任务实现效果

知识引入

12.2.1　String 对象

String 对象是一个动态对象，可以用字符串文字显式创建对象实例后使用它的属性或方法。

1．常用的属性

String 对象中最常用的属性是 length，表示字符串中的字符个数。length 属性是只读的，不能修改。

2．常用的方法

String 对象的方法很多，主要可用于搜索字符串中的字符、转换字符的大小写，主要方法如下。

concat()方法：返回由多个字符串连接后的一个新字符串。有一个或多个参数，用逗号隔开。这一个或多个参数会按顺序连接到字符串对象的尾部。与“+”运算符连接字符串功能相同。如 str.concat("ab")将 ab 连接在 str 字符串的后面。

charAt()方法：返回字符串中指定位置的字符。和数组类似，字符串中的字符用数字作为索引。从字符串左边算起，字符串的第一个字符的索引为 0，第二个字符的索引为 1，以此类推，最后一个字符的索引为字符串对象名.length-1。当指定的索引位置超出有效范围时，返回空字符。参数为指定的字符串中字符的索引，如 str.charAt(2)获取 str 中的第 3 个字符。

charCodeAt()方法：返回一个字符串中指定位置字符的 Unicode 编码。

indexOf()方法：返回子字符串在指定字符串中第一次出现的位置。按照从左到右的顺序查找，如果未找到返回-1。有两个参数，分别是 string1（要查找的子字符串）、start（可选项，表示查找时开始的位置，省略或为负值，则从第一个字符位置开始查找）。

lastIndexOf()方法：与 indexOf 类似，返回按从右到左的顺序查找的子字符串在指定字符串中第一次出现的位置。

link()方法：为字符串对象中的内容两边加上超链接标记对。

match()方法：返回用正则表达式模式对字符串执行查找后的字符串数组。其参数为正则表达式。

replace()方法：返回用正则表达式模式对字符串执行查找到的字符串进行替换后的字符串，有两个参数，分别是 rgExp（查找的内容，值为正则表达式或字符串，实现模糊或精确查找）、replaceText（用于替换的字符串）。

search()方法：返回使用正则表达式模式查找后第一个匹配的子字符串在整个字符串中的位置，位置从 0（第一个字符的索引）开始计数。

slice()方法：返回在一个字符串中的指定起、止位置间的子字符串。有两个参数，分别是 start（表示指定的开始位置字符的索引）、end（表示指定的结束位置字符的索引，如果没有指定或为-1时，返回开始位置后的所有字符）。

split()方法：返回按照指定的分隔符将字符串对象拆分为若干子字符串时所产生的字符串数组。分隔标志符可以是多个字符或一个正则表达式，它不作为任何数组元素的一部分返回。有两个参数，分别是 limit（可选项，表示限制分隔后数组的长度，如果分隔后数组的长度超过 limit 的值，则超过部分会被舍弃）、separator（可选项，表示分隔字符串的分隔符，可以是多个字符或正则表达式。其不会被保存在数组中。为空字符串则返回字符串中字符序列组成的数组；省略或者没有在 string 字符串中找到，则将整个字符串作为一个数组元素，即返回一个仅有一个元素的数组）。

substr()方法：返回从指定位置开始的指定长度个数的字符串。有两个参数，分别是 start（提取的开始位置的字符索引）、length（可选项，所要提取的子字符串的长度，如果省写，从索引为 start 的字符开始后的所有字符）。如 str.substr(3,6)提取从第 4 个字符开始起的 6 个字符。

substring()方法：提取从一个开始位置到一个结束位置（但不包含结束位置）的字符串。有两个参数，分别是：start(提取的开始位置的字符索引)、end（提取的结束位置字符的索引）。

toLowerCase()方法：将字符串中的所有字母都转换为小写字母，返回转换后的新字符串。

toUpperCase()方法：将字符串中的所有字母都转换为大写字母，返回转换后的新字符串。

例 12-5：实现在网页加载时窗口的状态栏中显示动态的文字。

```html
<html>
  <head>
    <title>例 12-5</title>
    <meta charset="utf-8">
    <script>
      var str="长沙信达电子欢迎您！";
      var p=50;  //相对于指针的标志变量赋初值，也相当与在设时间间隔（50*0.1秒）
      function mathexamp( )
       { p--;
        var str1="";  //状态栏中显示的字符串变量赋初值
        if(p==0)
         { p=50; }  //标志变量指向字符串的最后一个字符时，还原初值
        if(p>0)
         { for(var i=1;i<= p;i++)    //显示的字符串每循环一次调整显示字符的个数
          str1=str1+"";
```

```
        str1=str1+str.substring(0,50- i);
        }
    window.status=str1;
    setTimeout("mathexamp ( )",100); //隔 0.1 秒调用函数自身
        }
 </script>
 </head>
 <body onLoad="mathexamp( )"></body>
</html>
```

运行结果如图 12-8 所示。

图 12-8　运行例 12-5 后的网页

12.2.2　This 对象

1. 自定义对象

对象是 JavaScript 用来表示复杂数据类型的一种方式，如一个人的信息包括身高、体重、性别、年龄等多种属性，吃饭、走路、说话等多个动作，这些无法用一个简单基本数据类型来说明。而对于前面内容中所提到的对象是 JavaScript 给定的对象和对象的属性和方法，像个人信息这样的数据集合则可以自行定义一个对象来进行描述，这样使 JavaScript 的应用及功能能得到扩充。

（1）自定义对象与对象实例

对象是对某一类事物的描述，对象实例则使用 new 关键字和对象的构造函数来创建。构造函数是能够创建对象的实例的函数，它是一种特殊的函数，不用返回值，用来实现初始化对象，如设置属性的初始值、设置对象的方法等。

创建对象实例的语法格式如下：

```
var 对象实例名=new 构造函数名（参数）
```

其中括号中的参数为创建对象实例时传递给该对象的实际参数列表。

（2）自定义对象属性和方法

对象是由属性和方法两个基本的元素构成的，每个属性都有对应着一个属性值或参数值，每个方法都有对应的功能。前面几个项目内容采用"对象名.属性或方法"形式来实现 JavaScript 对象的属性设置和方法的使用，自定义对象也是使用"实例名.属性（或方法）名"的形式访

问自定义对象的属性或方法，或使用中括号 "[ ]" 访问对象的属性和方法，其语法格式为：

```
自定义对象名.["属性名"];
自定义对象名.["方法名"]();
```

（3）添加、重定义属性和方法

在 JavaScript 中对象创建后可以动态地修改对象实例的属性和方法。如果重新定义已经存在的属性和方法，只需将原来的属性和方法赋值为新值来替换原来的值即可。

（4）删除属性和方法

删除对象的属性和方法常用方式的语法格式为：

```
delete  对象实例.属性名;
delete  对象实例.方法名;
```

使用 delete 语句删除属性或方法后，会使属性或方法彻底从该对象中消失，使用 for…in 语句也是无法获得的。另外，也可以使用将属性值设置为 "undefined" 的方式实现删除对象的属性或方法，但其没有真正实现从对象中删除，只是将其值设置为 undefined，使用 for…in 语句依然可以得到该属性。

（5）对象的废除

在 JavaScript 中，当一个对象没有变量引用时，该对象会被废除，适时自动将其从内存中清除。这样废除不再使用的对象可以释放内存空间，而减少大量无用的对象实例耗用的大量内存空间。废除对象方法也很简单，将该对象的所有引用设置为 null 即可。

例 12-6：自定义对象并显示实例化的对象的相关属性。

```html
<html>
  <head>
    <title>例 12-6</title>
    <meta charset="utf-8">
  </head>
  <body>
    <script>
      function person(name,sex,age)
      { this.name=name; // 当前对象的属性设置
       this.sex=sex;
       this.age=age;
       this.hello=function()  // 当前对象的方法设置
        { document.write("您好！<br>");
         }
       this.show=show;
      }
      function show()
      { document.write("hello!"); }
```

```
        var person1=new person("Candy","girl",12);  //创建对象实例，并设置其属性的值
和方法
        var person2=new person("Jack","boy",16);
        person1.show( );  //对象实例 person1 调用 show 方法，网页显示 hello
        person1.hello( );  //对象实例 person1 调用 hello 方法，，网页显示您好
        document.write("Jack 的"+"name: "+person2["name"]+", sex: "+person2["sex"]
        +", age: "+person2["age"]+"<br/>");//显示对象实例 person2 的属性值
        person2.name="Apple";  // person2 对象实例的 name 属性改变，属性值为 Apple
        person2.height=160;
        document.write("添加和修改的 Jack 信息为: "+"name: "+person2.name+",
        height: "+person2.height+"<br/>添加的 sayfun( )方法: ");
        person2.sayfun=function( )  // person2.sayfun 方法的定义
            { document.write("My name is "+this.name +",I'm a "+this.sex+ ",age is
                     "+ this.age+"<br/><hr>");}
        person2.sayfun( );
        delete person1.age;  //删除 person1 对象的 age 属性
        delete person1.sayfun;
        person1.name = "undefined";  //删除 person1 对象 name 属性的值
        document.write("删除的 Candy 信息为: "+"name: "+person1.name+",age:
"+person1.age+"<br>执行删除的 sayfun( )方法: ");
        person1.show( );
    </script>
  </body>
</html>
```

运行结果如图 12-9 所示。

图 12-9　运行例 12-6 后的网页

2．this 对象

　　this 对象是当前操作的对象，它是一个动态的变量，其并不是会始终指向定义该方法的对象，会根据当前的操作对象的不同，实现当前对象的方法引用。

　　对象实例的创建可以通过 new 关键字来实现，每个创建的对象之间在使用时并没有任何关系，如给一个对象实例增加属性和方法，不会增加到同一对象所产生的其他对象实例上；

同时，修改一个对象实例的属性值，也不会影响其他对象实例的同样名称的属性。但是，所有的对象实例在创建后都会自动调用构造函数，如果在构造函数中增加的属性和方法，就可以被增加到每个对象实例上去。这样，就不必再在每个对象实例上分别增加同样的属性和方法了。另外，前面已提过，调用对象的属性和方法时，使用的是"对象实例.方法（属性）"的形式来实现，即不论是在方法调用，还是属性值处理时，都会伴随某个对象实例。因此，对当前对象实例的引用就可采用 this 对象，通过 this 对象实现访问当前对象实例的属性和方法。

一般 this 对象只在用作对象方法的函数中出现，它代表某个方法执行时，引用该方法的当前对象实例。有时也会在对象的构造方法中使用"this.成员名"的形式，实现对该对象的每个对象实例进行新的属性和方法的设置。

例 12-7：实现提供并可选择显示产品的详细情况。

```html
<html>
  <head>
    <title>例 12-7</title>
    <meta charset="utf-8">
    <script>
      function imfor(proname)
      { document.form1.text1.value=proname; //选中的产品品牌名称显示在第一个文本框中

        document.form1.text2.value=this.yieldly; //选中的产品产地显示在第二个文本框中

        document.form1.text3.value=this.corp; //选中的产品公司显示在第三个文本框中
        document.form1.text4.value=this.note; //选中的产品备注显示在第四个文本框中
      }
      function brand(yieldly,corp,note)
      { this.yieldly=yieldly;// 当前对象的属性和方法设置
        this.corp=corp;
        this.note=note;
        this.imfor=imfor;
      }
    </script>
  </head>
  <body>
    <script>
      var brands=new Array(5);  //创建一个放产品信息对象的数组
      brands[0]=new brand("美国","仙童（飞兆）","Fairchild Semiconductor
Corporation");
      //对数组中的第一个对象设置属性值和方法
      brands[1]=new brand("美国","阿尔特拉","无");
```

```
        brands[2]=new brand("荷兰","恩智浦","NXP Semiconductor(Philips)");
        brands[3]=new brand("意大利","意法半导体","STMicroelectronics");
        brands[4]=new brand("美国加利福尼亚","赛灵思","无");   //产品信息对象数组赋初值
    </script>
    <form name="form1">
    <table>
    <tr align="center">
     <td><h4>提供产品的品牌说明</h4></td>
    </tr>
    <tr>
     <td>选择喜欢的品牌：  
      <input type="button" value="FAIR" onClick="brands[0]. imfor ('FAIR')">
      <input type="button" value="ALTERA" onClick="brands[1]. imfor
('ALTERA')">
      <input type="button" value="NXP" onClick="brands[2]. imfor ('NXP')">
      <input type="button" value="ST" onClick="brands[3]. imfor ('ST')">
      <input type="button" value="XILINX" onClick="brands[4]. imfor
('XILINX')">
     </td>
    </tr>
    <tr align="center">
     <td> 品  牌：
       <input type="text" name="text1" size="30" value="ALTERA"><br><br>
       产  地：
       <input type="text" name="text2" size="30" value="美国"><br><br>
       公  司：
       <input type="text" name="text3" size="30" value="阿尔特拉"><br><br>
       备  注：
       <input type="text" size="30" name="text4" value=" 无"><br><br>
     </td>
    </tr>
    </table>
    </form>
  </body>
</html>
```

运行结果如图 12-10 所示。

图 12-10　运行例 12-7 后的网页

任务实施

1. 启动 Dreamweaver CS6，新建一个 HTML 文件。设计窗口分别加入文字、表格和表单元素，并做 CSS 设置实现图 12-2 中的留言页面的基本表现设计。需注意几个用于显示选购产品数量的文本框的 name 属性的值需相同，设为 z6，几个多选按钮的 name 属性的值也需要相同，设为 z5。

2. 在代码窗口中的<head></head>这对标记中输入<script></script>标记对，并加入内容如下所示：

```
function amount( )
{  var sum=0,x=0,n=0;
    for(i=0;i<document.myform.z5.length;i++)   //遍历所有产品
       if(document.myform.z5[i].checked)        //判断产品是否被选中
         { x=parseInt (document.myform.z5[i].value)
            *parseInt(document.myform.z6[i].value);
         //产品单价乘以数量赋值给x
         if(i==0) document.getElementById("price1").innerText=""+x+"元";
         if(i==1) document.getElementById("price2").nnerText=""+x+"元";
         if(i==2) document.getElementById("price3").innerText=""+x+"元";
         if(i==3) document.getElementById("price4").innerText=""+x+"元";
         if(i==4) document.getElementById("price5").innerText=""+x+"元";
         //单一产品价格更新
         sum=sum+x;
         //总价格累和
         }
         else
         { if(i==0) document.getElementById("price1").innerText=""+n+"元";
         if(i==1) document.getElementById("price2").innerText=""+n+"元";
         if(i==2) document.getElementById("price3").innerText=""+n+"元";
         if(i==3) document.getElementById("price4").innerText=""+n+"元";
         if(i==4) document.getElementById("price5").innerText=""+n+"元";
```

```
//未被选中时单品价格清零
}
totalprice.innerText="订单价格: "+sum+"元"; //总价显示在指定位置
}
function subpro(a)
{ var b= parseInt (document.myform.z6[a].value); //获取产品数量文本框的值
if(b!=0) document.myform.z6[a].value=eval(b-1); //产品数量减1
amount( );
}
function addpro(a)
{ var c=parseInt(document.myform.z6[a].value);
if(c>=100)
{ document.myform.z6[a].value="100"; //产品数量大于100 产品总数显示不再增加
alert("大批量采购请联系客服");
}
else document.myform.z6[a].value=eval(c+1); //产品数量加1
amount( );
}
```

3. 在代码窗口中的<body></body>这对标记中找到 "+" 和 "−" 的多个按钮，分别添加 onclick="addpro(实参) "或 onclick=" subpro(实参) "实现需要产品数量调整的同时分项价格也进行统计，其中实参代表第几组货品数量的文本框，如是代表第一个选购的产品，则实参为 0；同时找到多选按钮，在每个多选按钮的标记中加入 onclick="amount( )"实现选中产品与产品总价的统计。

4. 在文件菜单中选择保存后，找到你想要保存的文件路径，保存为**.html 文件后，运行查看网页效果并进行适当的修改和调试。

任务 12.3 客户注册

任务描述

企业网站可以提供客户注册的操作平台。当客户注册信息完成后，可以提交到网站服务器端，通过了信息是否真实和完善的检查，可以在数据库中保存下来，当客户下次进入网站时，就可以以非游客身份进入，享受网站提供的不同层次的服务了。同时服务器端在通过用户注册时会对不满足条件客户提出再次输入信息的提示，这一来二回，既耽误时间，有增加了服务器的工作量。因此，可以分解注册过程，将这个注册过程中的信息添加正确和完善的工作放在客户机端完成，减轻服务器的负担。

本任务通过编写 HTML 源代码设计网页，并使用 JavaScript 实现根据输入的内容进行有效的验证后注册信息录入等功能，产生的网页效果如图 12-11 所示。网页中对所有文本框进行空的判断提示，对注册时的两次密码相同进行验证和提示，对联系人和密码的格式进行验证。

图 12-11 任务实现效果

知识引入

12.3.1 正则表达式

1．正则表达式的基础

正则表达式(regular expression)是由普通字符（例如字符 a～z)以及特殊字符（称为元字符）组成的符合某种规则的表达式。其作为一个文本模式，不表示任何具体的文本内容，将某个字符模式与所查找的字符串进行匹配。其常用于测试字符串的有效性验证和表单数据的详细验证，以及按某规则来替换文本或提取子字符串。基本格式如下：

```
/pattern/flags
```

pattern 是一个正则表达式模式或其他正则表达式，是一个字符串；flags 是可选项，如果存在，有 3 种值，分别为 g（全局匹配和查找与 pattern 文本模式的字符串）、i（忽略大小写进行匹配和查找）、m（多行查找）。如"10*g"，全局查找 1 与其后紧跟一个或多个"0"的字符串；"/[a-z]/i"，查找不区分大小写的字母字符串；"/[\u4E00-\u9FA5]/g"，全局查找只能是中文的字符。

在正则表达式中会出现圆括号（"( )"）和方括号（"[ ]"），圆括号是多个字符组合成的子字符串匹配，方括号是指定匹配的单个字符。

2．正则表达式的语法规则

（1）正则表达式的基本组成

要灵活使用正则表达式，需要了解正则表达式的各类字符，如普通字符、字符匹配符、非打印字符、限定符、定位符、分组和反向引用符、选择符、转义字符和特殊字符等字符的功能，这样才能对指定字符的格式和内容进行有效的验证。

① 普通字符

是正则表达式没有赋予特殊意义的字符，一般包括所有的大写和小写字母字符、数字、标点符号以及一些其他符号。

② 匹配符

用于指定匹配字符的范围或类型的字符。常用的匹配符有：

[...]：匹配方括号所包含的任意一个字符。如"[1A]"，与"1"、"A"中的任何一个相匹配。

[^...]：匹配方括号所包含的任意一个字符外的一个字符。如"[^1A]"，则与除了"1"、"A"外的任意一个字符相匹配。

[a-z]：匹配方括号内指定范围的任意一个字符。如"[A-G]"，可以匹配"A"到"G"范围内的任意一个字符。

[^a-z]：匹配方括号内任何不在指定范围的任意一个字符。如"[^A-G]"，可以匹配不在"A"到"G"范围内的任意字符。

\d：匹配一个数字字符，等效于[0-9]。如与字符"5"相匹配。

\D：匹配一个非数字字符，等效于[^0-9]。如与字符"@"、"e"相匹配。

\w：匹配一个英文字母字符或数字字符或下画线字符，等效于[A-Za-z0-9_]。如与字符"w"相匹配。

\W：匹配一个非英文字母字符且非数字字符也非下画线的字符，等效于[^A-Za-z0-9_]。如与字符"@"相匹配。

.：匹配除"\n"之外的任何单个字符，如"(.)\1"，匹配除"\n"之外的两个连续的相同字符。

③ 非打印字符

是如空格或制表符等不可打印的字符。

\f：匹配一个换页符。

\n：匹配一个换行符。

\r：匹配一个回车符。

\s：匹配任何空白字符，包括空格、制表符、换页符等。

\S：匹配任何非空白字符。

\t：匹配一个制表符。

\v：匹配一个垂直制表符。

④ 限定符

用来匹配指定正则表达式给定的模式在字符串中出现对应次数的字符串，共有 6 种。

：匹配前面的子表达式出现 0 次或多次，如"ad"，与"a"、"ad"、"add"等匹配。

+：匹配前面的子表达式出现 1 次或多次。如"ad+"，与"ad"、"add"、"addd"等匹配，与"a"不匹配。

?：匹配前面的子表达式出现 0 次或 1 次。如"ad?"，与"a"、"ad"、匹配，与"add"不匹配。

{n}：匹配前面的子表达式出现 n 次，n 是一个非负整数。如"e{2}"，与"feet"匹配，与"feeet"中任意两个连续的"e"匹配，与"bed"不匹配。

{n,}：匹配前面的子表达式至少出现 n 次，n 是一个非负整数。如"e{2,}"，与"feet"匹配，与"feeet"中所有的"e"匹配，与"bed"不匹配。

{n,m}：匹配前面的子表达式最少出现 n 次且最多出现 m 次。m 和 n 均为非负整数，其中 n <= m。注意在逗号和两个数之间不能有空格。如"e{2,3}"，与"feet"匹配，与"feeeet"中 3 个连续的"e"匹配，与"bed"不匹配。

⑤ 定位符：

用于匹配正则表达式给定的字符串或单词的边界。常用的定位符有：

^：^匹配字符串的开始字符。"^"必须出现在正则表达式模式文本的最前面才具有定位符作用，在方括号表达式中使用（相当于取非），它表示不接受该字符集合。如"^only"，表示该模式只匹配以 only 开头的字符串。该模式与字符串"only one"匹配，与"yes,only one"不匹配。

$：匹配字符串的结束字符。如 pen$表示该模式只匹配以 pen 结尾的字符串。该模式与"my pen"匹配，与"pencil"不匹配。当字符^和$同时使用时，表示精确匹配，如"^action$"只匹配字符串"action"。如果不包括^和$，那么它与任何包含该模式的字符串匹配，如模式"name"与字符串 "my name is ZhangLi"匹配的。

\b：匹配一个有词语的边界的字符。如 "this\b"，与"this time"匹配，与"thistime"不匹配。

\B：匹配一个有词语非边界的字符。如"this\B"，与"this time"不匹配，与"thistime"匹配。

⑥ 选择符

选择符只有一个"|"。匹配字符两边的两个选项中的一个选项。用圆括号( )将所有选择项括起来，相邻的选择项之间用|分隔。如 "big,bag,bug,boog"，与 "b(a|i|u|oo)g"正则表达式匹配。这里不能使用方括号，因为方括号只允许匹配单个字符。

⑦ 分组与反向引用符

(pattern)：匹配 pattern 并获取这一匹配。pattern 是合成的一个可统一操作的组合项。所获取的匹配按照它们在正则表达式模式中从左到右出现的顺序存储在缓冲区中。

\num：匹配编号为 num 的缓冲区所保存的内容。其中 num 是一个一位正整数，对应所获取的匹配的引用。如 "(\d)\1"，匹配连续出现 2 次相同数字的字符，\1 表示与前面的 (\d) 所捕获的内容相同，"(\d)\1"与"55"匹配，与"5"不匹配。

(?:pattern)：匹配 pattern 但不获取匹配结果。这是一个非获取匹配，不进行缓冲区存储供以后使用。这在使用"或"字符(|)来组合一个模式的各个部分时很有用。如"countr(?:y|ies)"，比 "country|countries"更简略的表达式。

(?=pattern)：在任何匹配 pattern 的字符串开始处匹配查找字符串，是正向预查，也是一个非获取匹配，该匹配不需要获取供以后使用。如 "Windows (?=7|8|XP)"，与"Windows XP"中的 "Windows" 匹配，与"Windows 2000"中的 "Windows" 不匹配。当找到一个匹配后，从 Windows 后开始进行下一次的检索匹配。

(?!pattern)：在任何不匹配 pattern 的字符串开始处匹配查找字符串，其是负向预查，同为一个非获取匹配。如"Windows (?=7|8|XP)"，与"Windows XP"中的 "Windows" 不匹配，与 "Windows 2000"中的 "Windows" 匹配。当找到一个匹配后，从 Windows 后开始进行下一次的检索匹配。

⑧ 转义字符

匹配一些复杂的符号还原其原来的特殊含义时的字符。需要加反斜杠(\)开头，将下一个字符标记为特殊字符、原义字符、向后引用或八进制转义符。如"\\"（反斜杠）、"\."（句号）、"\()"（小括号，标记一个子表达式的开始和结束位置）、"\?"（问号）等。

⑨ 其他

用字符的不同编码（如 ASCII 编码）来表示普通字符。

\xn：匹配 ASCII 码值的 n。其中 n 为十六进制数字，必须为确定的两个数字长。如 "\x43" 匹配 "C"。

\n：匹配 ASCII 码值的 n。其中 n 为八进制数字。这种格式有二义性，即当该标志前有不少于 n 个子匹配模式时，则"\n"代表的是反向引用第 n 个子匹配模式，否则，"\n"代表的是 ASCII 码值等于 n 的字符。

\nm1：匹配 ASCII 码值代表的八进制数值 nm1 的字符。其中 n 取八进制数字 0～3，m1 是一个两位的八进制数字。

\nm：匹配 ASCII 码值代表的八进制数值 nm 的字符。其中 n 和 m 都为一位八进制数。当\nm 前有不少于 nm 个子匹配模式时，则"\nm"代表的是反向引用第 nm 个子匹配模式；当该标志前有不少于 n 个子匹配模式时，则"\n"代表的是反向引用第 n 个子匹配模式，而 m 是普通数字字符。

\un：匹配 n，其中 n 是一个四位十六进制数字表示的 Unicode 字符。例如，"\u00A9" 匹配版权符号（?）。

（2）正则表达式的匹配规则

正则表达式中有各类操作符，有各自的优先级，从高到低的优先权为：\（转义符）、(), (?:), (?=),[], []（圆括号和方括号）、*, +,?, {n}, {n,}, {n,m}（限定符）、^,$（位置和顺序）、|（或操作符）。

如 "\d{4}-\d{8}"，匹配由前 4 个数字与一个连字符和后 8 个数字组成的字符，如果字符串为 "9988-99889988" 的格式则匹配。该正则表达式可以用来验证字符串是否符合常用固定电话号码的格式。同时也可以使用 "[0-9]{4}\-[0-9]{8}" 来实现匹配，如果输入的固定电话中的连字符也可以不出现的话，则可写为 "[0-9]{4}\-?[0-9]{8}"，此时字符串为 "9988-99889988" 与 "998899889988" 的格式都匹配。

又如 "([a-zA-Z]+) + \s+[0-9]{1,2},\s* [0-9]{4}"，匹配由大小写字母组与必需的空格和一到两位的数字及逗号，再加上可选的空格及 4 位数字组成的字符，如果字符串为 "January 21,2012" 则匹配。该正则表达式可以用来验证出生日期是否符合格式。

再如 "/[a-zA-Z0-9_-]+@[a-zA-Z0-9_]+\.+{1,2}(com|net|cn|com.cn)+/"，匹配由任意个字母数字和下划线与@符号加任意个字母数字和下划线后跟上"."连上 1~2 个字符带 "com"、"net"、"cn" 或 "com.cn" 后缀的字符串，如果字符串为 "123@qq.com" 的格式匹配，该正则表达式可以用来验证字符串是否符合邮箱书写格式。

这说明了正则表达式有严格的语法规则和强大的灵活多样的模式匹配，在构造时才能准确的表达要实现的复杂验证的表达式。

例 12-8：string 对象中对正则表达式支持的方法的应用。

```
<html>
  <head>
    <title>例12-8</title>
```

```
<meta charset="utf-8">
<script>
 function strtest1( )
 { var str=document.form1.text1.value;
  var reg = /\d\d/;  //两位数字的字符组匹配规则
  var index=str.search(reg);
  //在str中查找第一个匹配的连续两个数字的子字符串的位置n，将n-1的值赋给index
  var s="在字符串的第"+index+ "个字符位置找到了和模式"+ reg+"匹配的字符串"
  alert(s);
 }
 function strtest2( )
 { var str=document.form1.text2.value;
  var reg=/\d\d/g; //两位数字的字符组匹配规则
  var arr = str.match(reg); //获取满足查询条件后的0到多个字符组，并放入arr数组中
  var s="match方法测试：\n";
  s+="与"+reg+"匹配的字符串有：\n[";
  for(var i=0;i<arr.length;i++)
   { if(i < arr.length-1)
     s+= arr[i] +",";
    else
     s+= arr[i] +"]\n";
   }   //将字符串中的每组字符用","号分隔开后，连接到s代表的原字符串后
  alert(s);
 }
 function strtest3( )
 { var str1=document.form1.text3.value;
  var reg=/(\d)(\d)/g;  //匹配并获取两位数字的字符组规则
  var str2=str1.replace(reg, "$2$1"); //将str中两位数字的字符组替换为"$2$1"
  alert(str1+"被转换为："+str2);
 }
 function strtest4( )
 { var arr = new Array( );
  var str=document.form1.text4.value;
  var reg = /\d\d/;
  arr=str.split(reg); //将str代表的字符串按出现两位数字的字符组来分割，
 //并放入arr数组中
  var s;
  s="字符串"+str+"被模式"+reg+"分割为：\n";
```

```
      for(i=0; i < arr.length; i++)
        if(i<arr.length-1)
          s+=arr[i]+ ",";
        else
          s+=arr[i];
      }
      alert(s);
    }
  </script>
</head>
<body>
  <h2>String 方法支持正则</h2>
  <form name="form1">
    <input type=text name="text1"" size=30>
    <input type="button" value="search 获匹配字符的位置" onClick="strtest1( )">
    <br/><br/>
    <input type="text" name="text2" size="30">
    <input type="button" value="match 方法匹配字符" onClick="strtest2( )">
    <br/><br/>
    <input type="text" name="text3" size="30">
    <input type="button" value="replace 方法转换" onClick="trtest3( )">
    <br/><br/>
    <input type="text" name="text4" size="30">
    <input type="button" value="split 方法分割" onClick="strtest4( )">
  </form>
</body>
</html>
```

运行结果如图 12-12 所示。

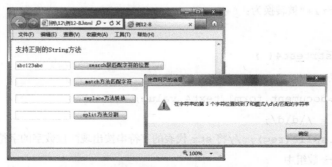

图 12-12　运行例 12-8 后的网页

例 12-9：实现用正则表达式处理原有的字符串，替换为指定格式的字符串。

```html
<html>
  <head>
    <title>例 12-9</title>
    <meta charset="utf-8">
    <script>
     function strtest1( )
     { var str;
       str=document.form1.text1.value;  //获取第一个文本框中的值赋给 str
       var reg=/\W/g;  //非英文字母或非数字或非下画线的字符匹配规则
       var str1=str.replace(reg, " ");  //去除 str 中非英文字母或非数字或非下画线的字符
       alert("用正则'/\W/g'处理后的字符串为："+str1);
      }
     function strtest2( )
     { var str;
       str=document.form1.text1.value;
       var reg=/[^A-Za-z0-9_]/g; //非英文字母或非数字或非下画线的字符匹配规则
       var str1=str.replace(reg, "");
       alert("用正则'/[^A-Za-z0-9_]/g'处理后的字符串为："+str1);
      }
     function strtest3( )
     { var str;
       str=document.form1.text2.value;   //获取第二个文本框中的值赋给 str
       var reg=/\s/g;  //空白字符匹配规则
       var str1=str.replace(reg, " ");
       alert("用正则'/\s/g'处理后的字符串为："+str1);
      }
     function strtest4( )
     { var str;
       str=document.form1.text2.value;
       var reg=/[\f\n\r\t\v]/g;  //空白字符匹配规则
       var str1=str.replace(reg, " ");
       alert("用正则'/[\f\n\r\t\v]/g'处理后的字符串为："+str1);
      }
    </script>
  </head>
  <body>
    在文本框中输入字符串后选择后处理
  <form name="form1">
```

```
    <input type="text" name="text1" size="30"><br/>
    <input type="radio" name="rd1" onClick="strtest1( )">去除非字母非数字非下
划线的方法 1<br/>
    <input type="radio" name="rd1"onClick="strtest2( )">去除非字母非数字非下划
线的方法 2<br/>
    <input type="text" name="text2" size="30"><br/>
    <input type="radio" name="rd2" onClick="strtest3( )">去除空格的方法 1<br/>
    <input type="radio" name="rd2" onClick="strtest4( )">去除空格的方法 2
  </form>
 </body>
</html>
```

运行结果如图 12-13 所示。

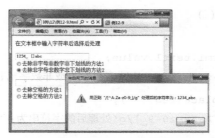

图 12-13　运行例 12-9 后的网页

12.3.2　RegExp 对象

JavaScript 提供了一个内部对象 RegExp 对象，来代表正则表达式对象。每个 RegExp 对象的实例对应一个正则表达式，因而建立正则表达式即建立 RegExp 对象的实例。

1．创建 RegExp 对象

用 RegExp 构造函数创建 RegExp 对象的基本语法格式为：

```
var reg=new RegExp("pattern" [,"flags" ])
```

pattern 表示构造好的正则表达式的模式为一个字符串，书写时必须用引号引起来。参数 flags 为一个可选项，取值有 3 种，前面隐式创建时已说明，此处略。在 JavaScript 中有关正则表达式的各种操作和功能都是通过 RegExp 对象来完成的，它提供了两种不同的方式来创建，同时也为正则表达式在 JavaScript 中的具体使用提供了若干种属性和方法。String 类也为正则表达式的使用提供了方法，它们在正则表达式中执行模式匹配与替换等操作。

2．RegExp 对象的属性

RegExp 对象有两类属性。一类是所有 RegExp 对象实例共享的全局静态属性，任何 1 个 RegExp 对象实例以及直接用 RegExp 对象名都能引用的属性，另一类是单个 RegExp 对象实例的属性。这两类都是只读属性。

① 全局静态属性

index：返回字符串中第一次与模式相匹配的字符串的开始位置，初始值为-1（位置从 0

开始计数）。

input：返回当前正则表达式模式正在作用的字符串，初始值为空字符串。

lastlndex：返回被查找字符串中进行下一次成功匹配的子字符串的开始位置，初始值为-1。

lastMatch：返回当前正则表达式在目标字符串中最后匹配的字符串，初始值为空字符串。

lastParen：返回正则表达式查找过程中的最后一个圆括号内的子表达式所匹配的字符串，初始值为空字符串。

leftContext：返回被查找的字符串中从字符串开始位置到最后匹配之前的位置之间的字符串，初始值为空字符串。

rightContext：返回正则表达式在目标字符串中匹配成功的最后一个字符串右边所有的内容，初始值为空字符串。

$1-$9：RegExp 对象只能存储正则表达式最后 9 个子匹配的结果，$1、$2、$3 到$9 等 9 个属性分别对应最后这 9 个子匹配结果。

② 实例属性

每个 RegExp 对象实例都有 4 个实例属性。

global：设置创建 RegExp 对象时指定的 g 标记的状态，是 1 个布尔值，如果创建 RegExp 对象时设置了 g 标志，则返回 true，否则返回 false。

igiKHvCase：设置创建 RegExp 对象时指定的 i 标记的状态，是 1 个布尔值，如果创建 RegExp 对象时设置了 i 标志，则返回 true，否则返回 false。

multiline：创建 RegExp 对象时指定的 m 标记的状态，是一个布尔值，如果创建 RegExp 对象时设置了 m 标志，则返回 true，否则返回 false。

source：返回创建 RegExp 对象时对应的正则表达式模式字符串。

3．RegExp 对象的方法

RegExp 对象提供了 3 种方法，对于在 JavaScript 中使用正则表达式，发挥其强大的模式匹配功能起了重要作用。

compile()方法：用于在脚本执行过程中和重新编译正则表达式为内部格式，使其匹配过程执行得更快。语法格式为：

```
compile("pattern" [,"flags"])
```

其中，pattern 表示要编译的正则表达式模式，为一个字符串；参数 flags 为规定匹配的类型，其值有 3 个，前面已说明。该方法可以使用正则表达式模式在指定区域内搜索内容并实现更换 RegExp 对象中指定的内容。

exec()方法：用于检测字符串中与给定正则表达式模式匹配的子字符串。语法格式为：

```
exec(str)
```

其中 str 是待测试的字符串。其返回一个包含查找结果的数组，数组的第一个元素存放完整的匹配结果，其他元素依次存放各个子匹配结果，否则，返回 null。方法返回的数组有 3 个属性即 input（返回当前正则表达式模式所作用的字符串）、index（返回字符串第一次与模式相匹配的子字符串的开始位置）、lastlndex（返回被查找字符串中下一次成功匹配的子字符串的开始位置）。

test()方法：用于检测字符串中是否存在与正则表达式模式匹配的字符串，若存在返回 true，否则返回 false。语法格式为：

```
test(str)
```

其中 str 是待测试的目标字符串。如果创建 RegExp 对象时设置了 g 标志，则从 lastIndex 指定的索引位置开始搜索，同时 lastIndex 属性会更改成匹配项的末尾位置。否则从字符串的开始位置进行搜索，搜索时忽略 lastIndex 属性。

例 12-10：实现用 RegExp 对象的 test()方法测试输入的身份证号、IP 号、日期与时间的格式的正确性。

```html
<html>
  <head>
   <title>例 12-10</title>
   <meta charset="utf-8">
   <script>
    function strtest1( )
    { var str=document.form1.text1.value;   //获取第一个文本框的值赋给 str
      var reg=/^\d{17}(\d|X)$/;   //17 位的数字或 X 的验证规则

      if(reg.test(str))             //比较 str 是否满足验证规则
      { alert("格式正确！"); }
      else
      { alert("格式错误！"); }
    }
    function strtest2( )
    { var str=document.form1.text2.value;   //获取第二个文本框的值赋给 str
     var reg=/^(\d{1,2}|1\d\d|2[0-4]\d|25[0-5])(\.(\d{1,2}|1\d\d|2[0-4]\d|25[0-5])){3}$/;  //"数1.数2.数3"的验证规则，同每个数的值位 0～255

      if(reg.test(str))
      { alert("格式正确！"); }
      else
      { alert("格式错误！"); }
    }
    function strtest3( )
    { var str=document.form1.text3.value;
      var reg=/^\d{4}-(0?[1-9]|1[0-2])-(0?[1-9]|[1-2]\d|3[0-1])$/;
    //yyyy-m/mm-d/dd 的日期格式的验证规则，其中月份的值只能是 1-12，日期的值只能是 1-31

      if(reg.test(str))
      { alert("格式正确！"); }
      else
      { alert("格式错误！"); }
```

```
        }
      function strtest4( )
      { var str=document.form1.text4.value;
        var reg=/^([0-1]\\d|2[0-3]):[0-5]\\d:[0-5]\\d$/;
      //00:00~23:59时间格式验证
        if(reg.test(str))
         alert("格式正确！");
        else
         alert("格式错误！");
        }
    </script>
  </head>
<body>格式验证
  <form name="form1">
    <table border="1">
    <tr><td>
    <input type="text" name="text1" size="30">
    <input type="button" value="身份证号验证" onClick="strtest1( )">
    </td></tr>
    <tr><td>
    <input type="text" name="text2" size="30">
    <input type="button" value="IP 号 验 证" onClick="strtest2( )">
    </td></tr>
    <tr><td>
    <input type="text" name="text3" size="30">
    <input type="button" value="日期格式验证" onClick="strtest3( )">
    </td></tr>
    <tr><td>
    <input type="text" name="text4" size="30">
    <input type="button" value="时间格式验证" onClick="strtest4( )">
    </td></tr>
    </table>
  </form>
  </body>
</html>
```

运行结果如图 12-14 所示。

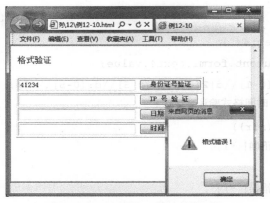

图 12-14　运行例 12-10 后的网页

任务实施

1. 启动 Dreamweaver CS6，新建一个 HTML 文件。设计窗口分别加入文字、表格和表单元素，并做 CSS 设置实现图 12-11 中的注册页面的基本表现设计。

2. 在代码窗口中的<head></head>这对标记中输入<script></script>标记对，并加入内容如下所示。

```
function imgshow( )　//选中图像后将图像显示在网页指定位置
{ var file1 = document.form1.filep1.value;
  var file2 = file1.substring(file1.lastIndexOf("."),file1.length);
  file2 = file2.toLowerCase( );
  if
((file2!='.jpg')&&(file2!='.gif')&&(file2!='.jpeg')&&(file2!='.png')&&(file
2!='.bmp'))
  { alert("该图片格式系统不支持! "); }
  else
  { document.getElementById("show").innerHTML="<img src='" + file1 + "'
style='border:6px
double #ccc';padding:5px;width:10px;height:10px;> ";
  }
}
function checks( )　//输入信息验证，验证成功后信息在其他页面显示
{ var a=new Array(5);
  a[0]=document.form1.elements[2].value;
  a[1]=document.form1.elements[3].value;
  a[2]=document.form1.elements[4].value;
  a[3]=document.form1.elements[6].value;
  a[4]=document.form1.elements[7].value;
```

```
if(a[0]== "")
{ alert("联系人不能为空！" );
  document.form1.elements[2].focus( );}
else
{ for(k=0;k<a[0].length;k++)
  if(a[0].charAt(k)>='0'&&a[0].charAt(k)<='9')
  { alert("不能有数字"");
    document.form1.elements[2].focus( );  }
  else
  { if(a[1]== "")
    { alert("登录账号不能为空！" );
      document.form1.elements[3].focus( ); }
   else
    { if(a[2]==" ")
      { alert("密码不能为空！" );
        document.form1.elements[4].focus( ); }
      else
      { if(a[2].length==6)
        { for(j=0;j<a[2].length;j++)
          if(a[2].charAt(j)<'0'||a[2].charAt(j)>'9')
          { alert("必须是数字");
            document.form1.elements[4].focus( );}
        }
        else
         { alert("密码位数不对");
           document.form1.elements[4].focus( ); }
        if(document.form1.elements[5].value=="")
        { alert("重复密码不能为空！");
          document.form1.elements[5].focus( ); }
        else
        { if (a[2]!=document.form1.elements[5].value)
          { alert("两次输入不相同");
            document.form1.elements[5].focus( );
            document.form1.elements[5].text=""; }
          else
          { if(a[3]== "")
            { alert("Email 不可为空！");
              document.form1.elements[6].focus( ); }
```

```
                    else
                  { if(!(/[^@]+@\w+\.+\w/.test(a[3])))
              { alert("E-mail 地址不合法！");  }
                    else
                     { if(a[4]== "")
                        { alert("电话号码不可为空！");
                          document.form1.elements[7].focus( ); }
                      else
                       { if(!(/\d{4}-\d{8}/.test(a[4])))
                          { alert("电话号码不合法！");}
                         else
{ var openwin=window.open("y.html");
openwin.form1.text1.value=parent.document.form1.elements[3].value;
openwin.form1.text2.value=parent.document.form1.elements[6].value;
openwin.form1.text3.value=parent.document.form1.elements[7].value;
openwin.document.getElementById("label1").innerHTML="<img src='" +
parent.document.form1.elements[8].value +"style='border:6px double #ccc'
;padding:5px;width:10px;height:10px;> ";
}
                           }
                          }
} } } } }    } } }
```

3. 在代码窗口中的<body></body>这对标记中找到 value 值为"提交"的按钮标记，加入 onclick="checks( )"实现在单击此按钮时用户注册信息的验证与显示，并找到文件选择的按钮标记，加入 onchange="mgshow( )"实现在单击此按钮时实现图片文件的显示。

4. 在文件菜单中选择保存后，找到你想要保存的文件路径，保存为**.html 文件。

5. 新建一个 HTML 文件，在网页中<body></body>标记对中加入三个文本框（name 属性的值设为 text1、text2、text3)和一个标签 （id 属性的值设为 label1），用于显示注册后的登录账号、邮箱、联系电话和相片。

6. 文件保存为 y.html。运行查看前一个保存的网页效果，进行适当的修改和调试。

项目实训

编写 HTML 源代码设计网页，并使用 JavaScript 实现用户问卷调查的功能设计。产生如图 12-15 所示的网页效果，图中的问卷调查页面的内容填写提交后会依据所填写内容来分析内容的格式和信息并选择性的显示。

1. 启动 Dreamweaver CS6，打开已建立的网站首页或新建一个 HTML 文件，在设计窗口分别加入文字、表格和表单元素，并做 CSS 设置实现图 12-15 中的问卷调查表的基本表现设计。

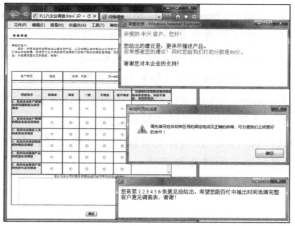

图 12-15　项目实施效果图

```
function out(sum)
{ var result= /\d{4}-\d{8}/.test(document.forms[0].text3.value);
  var result1= /[^@]+@\w+/.test(document.forms[0].text4.value);
  if(document.forms[0].text2.value!=" "&&result&&result1)
  { var str=document.form0.text2.value;
   var str1=document.form7.text1.value;
   var win=window.open("","","scrollbars,
       resizable=1,width=500,height=300");
  if(answer==" ")
  { var score =parseInt(sum/6*10);
  win.document.write("<html> <head><title>调查反馈</title></head>
<body>");
    if(score>=80)
    { win.document.write("<font color='#ff0000'>亲爱的 "+str+" 客户，您好！
    </font><br/><br/>您给出的建议是: "+str1+"。<br/>");
    win.document.write("<font color='#008080'>非常感谢您的建议！
    同时您给我们打的分数是"+score+"分。</font>");
    win.document.write("<br/><br/>谢谢您对本企业的支持！
</body></html>");
    }
    else if(score>=50)
    { win.document.write("<font color='#ff0000'>亲爱的 "+str+" 客户，您好！
    </font><br/><br/>您给出的建议是: "+str1+"。<br/>");
    win.document.write("<font color='#008080'>非常感谢您的建议！
        同时您给我们打的分数是"+score+"分。</font>");
    win.document.write("<br/><br/>我们会不断努力，直至您对我们的服务
        完全满意为止！</body></html>");
    }
    else
    { win.document.write("<font color='#ff0000'>亲爱的 "+str+" 客户，
    您好！</font><br/><br/>您给出的建议是: "+str1+"。<br/>");
    win.document.write("<font color='#008080'>非常感谢您的建议！
        同时您给我们打的分数是"+score+"分。</font>");
    win.document.write("<br/><br/>您让我们看到了自身的不足之处，
    我们会不断调整，直到做到最好！</body></html>");
    }
    }
    else
{win.document.write("您有第"+answer+"条意见没给出。希望您能
百忙中抽出时间选填完整客户意见调查表，谢谢！");}
    else
{ alert("请先填写姓名和带区号的固定电话及正确的邮箱，可方
便我们之间更好的合作！");     }}
```

```
var answer=" ";
function verify()
{ var x=0;
 var sum=0;
 for(j=1;j<7;j++)
 { var i=get(document.forms[j].rd1);
    if( i!=-1 &&document.forms[j].rd1[i].value)
    {sum+=parseInt(document.forms[j].rd1[i].value);
    }
    else
    { answer+=j+" "; }
 }out(sum);
}
function get(rdbt)
{ for(x=0;x<rdbt.length;x++)
   if(rdbt[x].checked)  return x;
       return -1;  }
}
```

图 12-16　项目实现代码　　　　　　　　　　図 12-17　项目实现代码

2. 在代码窗口中的<head></head>这对标记中输入<script></script>标记对，并加入如图 12-16 所示代码，实现单选按钮的选定及满意度的得分获取。

3. 在代码窗口中的<head></head>标记对中的<script></script>标记对内，再加入如图 12-17 所示的内容，实现测试输入格式和合格后显示满意度的情况。

4. 在代码窗口中的<body></body>这对标记中找到 value 值为"提交"的按钮，并加入 onclick="verify( )"，实现点击提交按钮验证与信息反馈的功能。

5. 在文件菜单中选择保存后，找到你想要保存的文件路径，保存为**.html 文件，运行网页查看网页效果，可进行适当的修改和调试。

习题

1. 如何获取第三个表单中的第五个表单元素的属性？

2. 如何实现单选列表中的多选一的功能？同时如何判断其是否被选中？

3. 如何用 JavaScript 实现页面初装时的多选全部选中？

4. 列表主要使用的事件有哪些？如何实现选定学期后可查看到对应该学期所学课程的两个列表间的互联？

5. JavaScript 如何创建对象？如何访问创建对象的属性和方法？

6. 如何获取一个文件名的后缀名？

7. 描述 this 对象的作用。

8. 如何实现鼠标经过按钮时按钮的背景图片变化？

9. 描述什么是正则表达式及其作用。

10. 写出验证号码为 130-139 和 150-159 开头的 11 位手机号码的正则表达式。

11. 描述创建 RegExp 对象实例的两种方法，并举例说明。

12. 设计一个计算器，可以实现数据的加、减、乘、除基本四则运算。

13. 设计网站登录功能实现，在文本框中输入内容，进行用户名和密码的合法性和位长是否合理的判断后，输入正确后，允许进入网站，如果不正确则显示错误原因，并将对应文本框清空成为焦点。

14. 设计某商业网站增加的房贷计算栏目，依据房子面积和单价计算，考虑贷款比例、贷款期限、贷款类别等条件得出房款总价、贷款金额总计、还款金额、首付款项、分期还款项。